高等职业教育系列教材

工业机器人安装与调试

张小红　杨帅　孙炳孝　编著

机械工业出版社

本书根据工业机器人安装、调试与维护的培养目标，采用基于工作任务导向的教学方法，主要针对工业机器人基本认知、安全操作、机械装配与调试、电气安装与调试、系统调试、故障排除、维护与保养等进行了详细介绍。

本书内容简明扼要、图文并茂、通俗易懂，可作为中高职院校工业机器人技术、自动化技术相关专业师生的教学及参考用书，也可供初学工业机器人的工程技术人员使用。

本书配有授课电子课件，需要的教师可登录机械工业出版社教育服务网 www.cmpedu.com 免费注册后下载，或联系编辑索取（QQ：1239258369，电话：010-88379739）。

图书在版编目（CIP）数据

工业机器人安装与调试/张小红，杨帅，孙炳孝编著 .—北京：机械工业出版社，2018.8（2024.7 重印）
高等职业教育系列教材
ISBN 978-7-111-60438-9

Ⅰ.①工… Ⅱ.①张… ②杨… ③孙… Ⅲ.①工业机器人-安装-高等职业教育-教材②工业机器人-调试方法-高等职业教育-教材　Ⅳ.①TP242.2

中国版本图书馆 CIP 数据核字（2018）第 183340 号

机械工业出版社（北京市百万庄大街 22 号　邮政编码 100037）
策划编辑：曹帅鹏　责任编辑：曹帅鹏
责任校对：王　延 责任印制：邓　博
唐山楠萍印务有限公司印刷
2024 年 7 月第 1 版第 14 次印刷
184mm×260mm · 11.25 印张 · 270 千字
标准书号：ISBN 978-7-111-60438-9
定价：35.00 元

电话服务　　　　　　　　　网络服务
客服电话：010-88361066　　机　工　官　网：www.cmpbook.com
　　　　　010-88379833　　机　工　官　博：weibo.com/cmp1952
　　　　　010-68326294　　金　书　网：www.golden-book.com
封底无防伪标均为盗版　　　机工教育服务网：www.cmpedu.com

高等职业教育系列教材机电类专业
编委会成员名单

出　版　说　明

《国务院关于加快发展现代职业教育的决定》指出：到 2020 年，形成适应发展需求、产教深度融合、中职高职衔接、职业教育与普通教育相互沟通，体现终身教育理念，具有中国特色、世界水平的现代职业教育体系，推进人才培养模式创新，坚持校企合作、工学结合，强化教学、学习、实训相融合的教育教学活动，推行项目教学、案例教学、工作过程导向教学等教学模式，引导社会力量参与教学过程，共同开发课程和教材等教育资源。机械工业出版社组织国内 80 余所职业院校（其中大部分是示范性院校和骨干院校）的骨干教师共同规划、编写并出版的"高等职业教育系列教材"，已历经十余年的积淀和发展，今后将更加紧密结合国家职业教育文件精神，致力于建设符合现代职业教育教学需求的教材体系，打造充分适应现代职业教育教学模式的、体现工学结合特点的新型精品化教材。

在本系列教材策划和编写的过程中，主编院校通过编委会平台充分调研相关院校的专业课程体系，认真讨论课程教学大纲，积极听取相关专家意见，并融合教学中的实践经验，吸收职业教育改革成果，寻求企业合作，针对不同的课程性质采取差异化的编写策略。其中，核心基础课程的教材在保持扎实的理论基础的同时，增加实训和习题以及相关的多媒体配套资源；实践性课程的教材则强调理论与实训紧密结合，采用理实一体的编写模式；实用技术型课程的教材则在其中引入了最新的知识、技术、工艺和方法，同时重视企业参与，吸纳来自企业的真实案例。此外，根据实际教学的需要对部分内容进行了整合和优化。

归纳起来，本系列教材具有以下特点：

1）围绕培养学生的职业技能这条主线来设计教材的结构、内容和形式。

2）合理安排基础知识和实践知识的比例。基础知识以"必需、够用"为度，强调专业技术应用能力的训练，适当增加实训环节。

3）符合高职学生的学习特点和认知规律。对基本理论和方法的论述容易理解、清晰简洁，多用图表来表达信息；增加相关技术在生产中的应用实例，引导学生主动学习。

4）教材内容紧随技术和经济的发展而更新，及时将新知识、新技术、新工艺和新案例等引入教材。同时注重吸收最新的教学理念，并积极支持新专业的教材建设。

5）注重立体化教材建设。通过主教材、电子教案、配套素材光盘、实训指导和习题及解答等教学资源的有机结合，提高教学服务水平，为高素质技能型人才的培养创造良好的条件。

由于我国高等职业教育改革和发展的速度很快，加之我们的水平和经验有限，因此在教材的编写和出版过程中难免出现疏漏。我们恳请使用这套教材的师生及时向我们反馈质量信息，以利于我们今后不断提高教材的出版质量，为广大师生提供更多、更适用的教材。

机械工业出版社

前　言

2016 年，工业和信息化部、发展改革委、财政部三部委联合印发了《机器人产业发展规划》，指明了工业机器人将是我国重点培育发展的新兴技术。目前，我国工业机器人技术飞速发展，其应用已涉及各个领域，掌握工业机器人应用技术是机械及控制类专业人才的基本要求。

为满足全国高职院校工业机器人专业的发展，需要专业性强和系统性好的教材。然而目前工业机器人技术及其应用的大多数教材内容比较零散，不能满足机器人实际操作和应用需要，适合职业教育的教材数量较少，企业的机器人操作和使用人员多依赖商业机器人产品的用户手册，缺乏相关的理论指导。工业机器人专业教材对于促进国家级工业机器人实训基地建设内涵、提升学校工业机器人技术方向的教学水平、建设好工业机器人新专业、方便高职学生更好地系统掌握工业机器人相关应用技术、帮扶地方区域企业转型升级为智能制造具有重要的现实意义和价值。

本书主要以工业机器人安装、调试与维护为主要内容，系统地讲解工业机器人机械与电气系统的安装、调试与维护方法。通过任务实施与操作模式，驱动教学过程，完成技能训练与知识学习。根据现代职业教育的需求与特点，逐步提高实践技能水平，扩展理论知识的深度与广度，不断锻炼行业岗位职业素养。

本书共四个模块。模块一是要对工业机器人发展历程、企业、基本结构和安全操作有一个基本的认知，掌握工业机器人基本结构，同时掌握操作工业机器人的安全注意事项。模块二和模块三主要是针对工业机器人机械系统和电气系统的安装与调试，要对机械本体、控制系统有一定认知，掌握机械本体和电气系统的安装与调试方法。模块四主要是针对工业机器人的调试运行和维护保养，掌握如何进行工业机器人系统调试、故障排除，以及如何进行工业机器人系统的维护保养。

本书由淮安信息职业技术学院的张小红、杨帅和孙炳孝三位教师编写，在编写过程中也得到了其他教师的支持与帮助，同时参阅了国内外相关资料，在此一并表示感谢。由于本书编者水平有限，加之工业机器人技术发展迅速，因此，书中难免存在不足，诚请广大读者批评指正。

编　者

目　录

模块四 工业机器人调试运行与
维护保养

模块一　认识工业机器人

项目1　工业机器人的基础认知

知识点

了解工业机器人发展历程和发展趋势。

了解工业机器人主要品牌和行业应用。

掌握工业机器人的组成和技术参数以及主要分类。

技能点

认识工业机器人。

任务1.1　工业机器人的发展历程认知

学习任务描述

在简单了解世界各地对机器人的定义的基础上，能够了解工业机器人的发展历史和发展趋势。

学习任务实施

1.1.1　工业机器人的定义

工业机器人的定义有很多，原因之一是机器人还在继续发展，新的机型、新的功能不断涌现。下面将介绍国际上对于工业机器人给出的定义。

美国机器人协会将工业机器人定义为：一种用于移动各种材料、零件、工具或专用装置的，通过程序动作来执行各种任务，并具有编程能力的多功能操作机。

日本工业机器人协会指出：工业机器人是一种带有存储器件和末端操作器的通用机械，它能够通过自动化的动作代替人类劳动。

我国科学家对工业机器人的定义是：工业机器人是一种自动化的机器，所不同的是这种机器具备一些与人或生物相似的能力，如感知能力、规划能力、动作能力和协同能力，是一种具有高度灵活性的自动化机器。

国际标准化组织定义：工业机器人是一种仿生的、具有自动控制能力的、可重复编程的、多功能、多自由度的操作机械。

由此不难发现，工业机器人是由仿生机械结构、电动机、减速器和控制系统组成的，用于从事工业生产，能够自动执行工作指令的机械装置。它可以接受人类指挥，也可以按照预先编排的程序运行，现在工业机器人还可以根据人工智能技术制定的原则和纲领行动，如图

1-1 所示。

1.1.2　工业机器人的发展历史

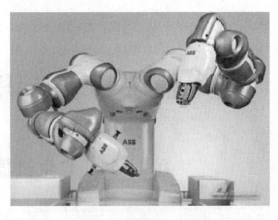

图 1-1　ABB 双臂机器人 YuMi

大千世界，万事万物都遵循着从无到有、从低到高的发展规律，机器人也不例外。早在三千多年前的西周时代，中国就出现了能歌善舞的木偶，称为"倡者"，这可能是世界上最早的"机器人"。然而真正工业机器人的出现并不久远，20 世纪 50、60 年代，随着机构理论和伺服理论的发展，机器人开始进入了实用化和工业化阶段。

1954 年，美国的乔治·德沃尔提出了一个与工业机器人有关的技术方案，并申请了"通用机器人"专利。该专利的要点在于借助伺服技术来控制机器人的各个关节，同时可以利用人手完成对机器人工作的示教，实现机器人动作的记录和再现。

1959 年，德沃尔与美国发明家约瑟夫·英格伯格联手制造出第一台工业机器人 Unimate，如图 1-2 所示，机器人的历史才真正拉开帷幕。1960 年，美国机器和铸造公司 AMF 生产了柱坐标型机器人 Versatran，如图 1-3 所示。Versatran 机器人可进行点位和轨迹控制，是世界上第一台用于工业生产的机器人。

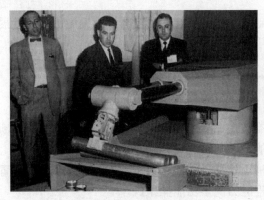

图 1-2　Unimate 机器人

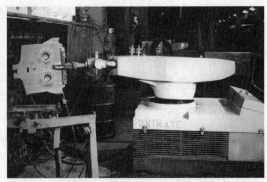

图 1-3　Versatran 机器人

20 世纪 70 年代的日本正面临着严重的劳动力短缺，这个问题已成为制约其经济发展的一个主要问题。此时在美国诞生并已投入生产的工业机器人给日本带来了福音。日本在 1967 年从美国引进第一台机器人。1967 年以后，随着微电子技术的快速发展和市场需求的急剧增加，工业机器人在日本企业里受到了"救世主"般的欢迎，并得到了快速发展。如今，无论是机器人的数量还是机器人的密度，日本都位居世界第一，素有"机器人王国"之称。

德国引进机器人的时间比英国和瑞典晚了五六年，但战争所导致的劳动力短缺，国民的技术水平较高等因素却为工业机器人的发展、应用提供了有利条件。此外，德国规定，对于一些危险、有毒、有害的工作岗位,必须以机器人来代替普通人的劳动。这为机器人的应用开拓了广泛的市场,并推动了工业机器人技术的发展。目前,德国工业机器人的总数占世界第二位,仅次于日本。

法国政府一直比较重视机器人技术,通过大力支持一系列研究计划,建立了一个完整的科学技术体系,使法国机器人的发展比较顺利。政府组织的项目特别注重机器人基础技术方面的研究,把重点放在开展机器人的应用研究上。而由工业界支持开展应用和开发方面的工作,两者相辅相成,使机器人在法国企业界得以迅速发展和普及,从而使法国在国际工业机器人界拥有不可或缺的一席之地。

近年来,意大利、瑞士、西班牙、芬兰、丹麦等国家由于本国内机器人市场的需求较大,发展速度非常快。

目前,国际上的工业机器人公司主要为日系和欧系。日系机器人公司主要有安川、OTC、松下和发那科。欧系机器人公司主要有德国的 KUKA、CLOOS,瑞士的 ABB,意大利的 COMAU,英国的 Autotech Robotics 等。

我国工业机器人起步于 20 世纪 70 年代初期。经过 40 多年发展,大致经历了三个阶段:70 年代萌芽期、80 年代的开发期和 90 年代后的应用期。20 世纪 70 年代,清华、哈工大、华中科大、沈阳自动化研究所等一批高校和科研院所最早开始了工业机器人的理论研究。20 世纪 80～90 年代,沈阳自动化研究所和中国第一汽车制造集团进行了机器人的试制和初步应用工作。进入 21 世纪以来,在国家政策的大力支持下,广州数控、沈阳新松、安徽埃夫特、南京埃斯顿等一批优秀的本土机器人公司开始涌现,工业机器人也开始在中国形成了初步产业化规模。现在,国家更加重视机器人工业的发展,也有越来越多的企业和科研人员投入到机器人的开发研究中。

目前,我国的科研人员已基本掌握了工业机器人的结构设计和制造技术、控制系统硬件和软件技术、运动学和轨迹规划技术,也具备了机器人部分关键元器件的规模化生产能力。一些公司开发出的喷漆、弧焊、点焊、装配、搬运等机器人已经在多家企业的自动化生产线上获得规模应用。

总体来看,我国的工业机器人由于起步较晚,在技术开发和工程应用水平上与国外相比还有一定的差距。主要表现在以下几个方面:

1)创新能力较弱,核心技术和核心部件受制于人,尤其是高精度的减速器长期需要进口,缺乏自主研发产品,影响总体机器人的产业发展。

2)产业规模小,市场满足率低,相关基础设施服务体系建设明显滞后。中国工业机器人企业虽然形成了自己的部分品牌,但不能与国际知名品牌形成有力竞争。

3)行业归口、产业规划需要进一步明确。

随着工业机器人应用越来越广泛,国家也在积极推动我国机器人产业的发展。尤其是进入"十三五"以来,国家出台的《机器人产业发展规划(2016—2020)》对机器人产业进行了全面规划,要求行业、企业搞好系列化、通用化、模块化设计,积极推进工业机器人产业化进程。

1.1.3　工业机器人的发展趋势

工业机器人在许多生产领域的应用实践中证明,它在提高生产自动化水平、提高劳动生产率、提升产品质量及经济效益、改善工人劳动条件等方面，取得了令世人瞩目的成绩。随着科学技术的进步，机器人产业必将得到更加快速的发展，工业机器人将得到更加广泛的应用。

1. 技术发展趋势

在技术发展方面，工业机器人正向结构轻量化、智能化、模块化和系统化的方向发展。未来主要的发展趋势如下：

1）机器人结构的模块化和可重构化。
2）控制技术的高性能化、网络化。
3）控制软件架构的开放化、高级语言化。
4）伺服驱动技术的高集成度和一体化。
5）多传感器融合技术的集成化和智能化。
6）人机交互界面的简单化、协同化。

2. 应用发展趋势

自工业机器人诞生以来，汽车行业一直是其应用的主要领域，2014 年，北美机器人工业协会在年度总结报告中指出，截至 2013 年年底，汽车行业仍然是北美机器人最大的应用市场，但其在电子、电气、金属加工、化工、食品等行业的出货量却增速迅猛。由此可见，未来工业机器人的应用依托汽车行业，并迅速向各行业延伸。对于机器人行业来讲，这是一个非常积极的信号。

3. 产业发展趋势

近年，随着劳动力成本不断上涨，工业领域"机器换人"现象普遍，工业机器人市场与产业也因此逐渐发展起来。由于中国城镇单位就业人员平均工资已经从 10 年前的 18200 元飙涨至 56399 元，高成本劳动力施压下，利用工业机器人转型智能制造成为发展趋势，也是中国制造业的重大战略之一。

2014 年，中国工业机器人销量为 5.7 万台，同比增长了 55%；2015 年，销量达到 6.8 万台，同比增长 19%；2016 年，销量达到近 9 万台；2017 年，销量突破 10 万台。综合以上因素，我们预计，2018 年中国工业机器人销量将达到 12.7 万台，未来五年（2018～2022）年均复合增长率约为 23.24%，2022 年中国工业机器人销量将达到 29.3 万台，2018～2022 年中国工业机器人销量预测如图 1-4 所示。

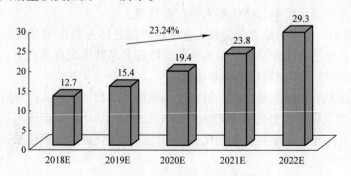

图 1-4　2018～2022 年中国工业机器人销量预测（单位：万台）

自 2013 年以来，中国已成为全球最大的机器人消费国。我们预计，2018 年中国工业机器人市场规模将达到 22.3 亿美元，未来五年（2018～2022）年均复合增长率约为 22.73%，2022 年中国工业机器人市场规模将达到 50.6 亿美元，2018～2022 年中国工业机器人市场规模预测如图 1-5 所示。

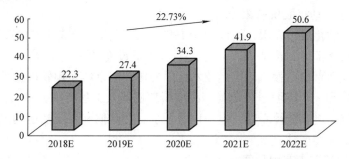

图 1-5 2018～2022 年中国工业机器人市场规模预测（单位：亿美元）

未来中国市场各种机器人的增长潜力巨大。一方面，随着人口红利减少，劳动力短缺、劳动力成本上升，中国相对于其他发展中国家的劳动力成本优势慢慢弱化，劳动密集型产业逐步向东南亚其他国家转移。印度为吸引外资制定了较中国更为优惠的政策措施，而其专业人才的质量也不在中国之下，两国在劳动密集型产品上的竞争很激烈。另一方面，政府也在促进关键岗位机器人应用，尤其是在危害健康、作业环境危险、重复繁重劳动、智能采样分析等岗位上推广一批专业机器人。就我国而言，现阶段是工业机器人发展的一个重大挑战与机遇，迎接挑战并克服困难就能使我们在日益激烈的竞争中处于有利地位。抓住这次机遇，努力进行研发工作，力求使我国工业机器人的技术水平在国际上占有一席之地。

任务 1.2 工业机器人的企业认知

学习任务描述

了解国内外主要工业机器人的企业和国内外主要品牌工业机器人的性能特点，及其在主要的行业应用情况。

学习任务实施

1.2.1 国内工业机器人主要企业认知

1. 新松机器人自动化股份有限公司

新松公司创立于 2000 年，隶属于中国科学院，是一家以机器人独有技术为核心，致力于数字化智能高端装备制造的高科技上市企业。公司的机器人产品线涵盖工业机器人、洁净（真空）机器人、移动机器人、特种机器人及智能服务机器人五大系列，如图 1-6 所示。

新松公司现已形成全国化的战略布局，在北京、上海及沈阳设立三家控股子公司，

图 1-6 新松机器人

在广州和山东设有机器人国家工程中心分中心。在杭州重点建设的新松南方研究创新中心及新松智能装备园将重点发展公司未来新兴战略产业，攻克制约我国高端装备及机器人发展的关键技术。

2. 南京埃斯顿自动化股份有限公司

南京埃斯顿自动化股份有限公司成立于1993年，目前已经成为国内高端智能机械装备及其核心控制和功能部件制造业领军企业之一。其下设有四个全资子公司（南京埃尔法电液技术有限公司、南京埃斯顿自动控制技术有限公司、南京埃斯顿软件技术有限公司和埃斯顿国际有限公司）和一个控股子公司（南京埃斯顿机器人工程有限公司）。埃斯顿自动化已经形成包括金属成形机床数控系统、电液伺服系统、交流伺服系统及运动控制系统和工业机器人及成套设备四大类产品。

3. 上海新时达机器人有限公司

上海新时达机器人有限公司是新时达股份全资子公司。2003年新时达收购了德国Anton Sigriner Elektronik GmbH公司，分别在德国巴伐利亚与中国上海设立了研发中心，把全球领先的德国机器人技术引入中国。2013年在中国上海建立了年产能2000台的生产基地。新时达机器人适用于各种生产线上的焊接、切割、打磨抛光、清洗、上下料、装配、搬运码垛等上下游工艺的多种作业，广泛应用于电梯、金属加工、橡胶机械、工程机械、食品包装、物流装备、汽车零部件等制造领域。

4. 上海沃迪自动化装备股份有限公司

上海沃迪自动化装备股份有限公司成立于1999年，沃迪装备下设立两大事业部：食品装备事业部、机器人装备事业部。沃迪机器人智能装备事业部源于智能食品装备发展趋势的推动，专注于国产工业搬运机器人的研发及产业化，主营产品为码垛机器人和并联机器人。沃迪金山新厂搬运机器人设计年产能2000台套，为目前拥有自主知识产权的、国内最具规模的国产码垛机器人工业化生产企业，主要竞争对手为日本、德国及瑞典等国际行业巨头。沃迪出品的"TRIOWIN" TPR系列品牌码垛机器人经中国科学院上海科技查新咨询中心评定为"技术水平达到国内领先、国际先进水平"。

5. 安徽埃夫特智能装备有限公司

安徽埃夫特智能装备有限公司成立于2007年8月，注册资本20000万元，是一家专门从事工业机器人、大型物流储运设备及非标生产设备设计和制造的高新技术企业。埃夫特公司拥有各类技术和管理人才300余人。

埃夫特公司2009年11月被认定为高新技术企业，2010年3月通过ISO9001国际质量体系认证，2013年5月成立蔡鹤皋院士工作站。埃夫特公司是中国机器人产业创新联盟和中国机器人产业联盟发起人和副主席单位，所研制的国内首台重载165公斤机器人载入中国企业创新纪录，荣获2012年中国国际工业博览会银奖。

1.2.2 国外工业机器人主要企业认知

1. ABB（Asea Brown Boveri）

ABB是一家瑞士瑞典的跨国公司，集团总部位于瑞士苏黎世。1988年创立于欧洲，1994年进入中国，1995年成立ABB中国有限公司。从2005年起，ABB机器人的生产、研发、工程中心开始转移到中国，目前，中国已经成为ABB全球第一大市场，ABB机器人如

图1-7所示。

ABB集团业务遍布全球100多个国家，拥有14.5万名员工，2014年全球销售收入约400亿美元，在华销售收入约58亿美元。ABB在中国拥有研发、制造、销售和工程服务等全方位的业务活动，员工1.9万名。在中国大陆设有38个子公司和100多个办事处。ABB机器人产品和解决方案已广泛应用于汽车制造、食品饮料、计算机和消费

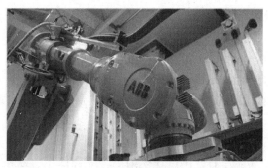

图1-7 ABB机器人

电子等众多行业的焊接、装配、搬运、喷涂、精加工、包装和码垛等不同作业环节。

2. 库卡（KUKA）

库卡（KUKA）是世界工业机器人和自动控制系统领域的顶尖制造商，总部位于德国奥格斯堡。KUKA机器人公司在全球拥有20多个子公司，其中大部分是销售和服务中心。KUKA在全球的运营点有美国、墨西哥、巴西、日本、韩国、中国、印度和欧洲各国。库卡机器人（上海）有限公司是德国库卡公司设在中国的全资子公司，成立于2000年，是库卡公司在德国以外设立的第一家，也是唯一一家海外工厂。

1973年KUKA研发出第一台工业机器人，命名为FAMULUS。这是世界上第一台机电驱动的六轴机器人。今天该公司四轴和六轴机器人有效载荷范围达3~1300kg、机械臂展达350~3700mm，机型包括SCARA、码垛机、门式及多关节机器人，皆采用基于通用PC控制器平台控制。

3. 安川（YASKAWA）

安川电机创立于1915年，总部位于日本福冈县北九州市。1999年4月，安川电机（中国）有限公司在上海注册成立，注册资金3110万美金。截至2011年3月，安川的机器人累计出售台数已突破23万台，活跃在从日本国内到世界各国的焊接、搬运、装配、喷涂等各种各样的产业领域中。2012年7月，安川电机海外首个机器人生产基地落户常州武进高新区，该基地将用最新的设备生产用于汽车制造相关的溶解用机器人，如图1-8所示。项目总投资约3亿元，设计产能12000台套机器人/年（含控制系统），年销售6亿元人民币。

4. 发那科（FANUC）

FANUC成立于1956年，是世界上最大的专业数控系统生产厂

图1-8 安川机器人

家。1976年FANUC公司研制成功数控系统5，随后又与西门子公司联合研制了具有先进水平的数控系统7，从那时起，FANUC公司逐步发展成为世界上最大的专业数控系统生产厂家。

FANUC是世界上唯一一家由机器人来做机器人的公司，是世界上唯一提供集成视觉系统的机器人企业，是世界上唯一一家既提供智能机器人又提供智能机器的公司。FANUC机器人产品系列多达240种，负重从0.5kg到1.35t，广泛应用在装配、搬运、焊接、铸造、喷涂、码垛等不同生产环节，满足客户的不同需求。2008年6月，FANUC成为世界第一个突破20万台机器人的厂家；2011年，FANUC全球机器人装机量已超25万台，市场份额稳

居第一。

1.2.3 工业机器人主要品牌和行业应用

1. 工业机器人主要品牌概况

目前在我国应用的机器人主要分日系、欧系和国产三种。日系中主要有安川、OTC、松下、FANUC、川崎等公司的产品。欧系中主要有 KUKA、ABB 等公司的产品。国产机器人主要是沈阳新松机器人等公司的产品。在国内工业机器人市场，外资企业的合计市场占有率为 70% 左右，国产规模偏小。综合日系、欧系和国产工业机器人对比（见表 1-1）和国内外主要工业机器人品牌对比（见表 1-2），本书主要采用 ABB 品牌机器人。

表 1-1 日系、欧系和国产工业机器人对比

类型	对比
国产	经营规模较小、性能指标薄弱、品牌竞争力不强
日系	定位精度能满足设计的使用要求，但比欧系对比来说要差，同时，省材料是日系产品的特点，自然刚性要弱于欧系机器人，使用寿命也相对欧系短；程序开放性差
欧系	欧系机器人具有较高的重复定位精度、手臂刚性好、使用寿命长的特点，源程序开放，有利于系统集成商用户的二次开发

表 1-2 国内外主要工业机器人品牌

品牌	国家	LOGO
发那科	日本	FANUC
ABB	瑞典	ABB
川崎	日本	Kawasaki
松下	日本	Panasonic
安川	日本	YASKAWA
库卡	德国	KUKA
不二越	日本	NACHi
三菱	日本	（三菱LOGO）
史陶比尔	法国	STÄUBLI

（续）

品牌	国家	LOGO
柯马	意大利	COMAU
艾默生	美国	EMERSON
爱普生	日本	EPSON
新松	中国	SIASUN 新松
广州数控	中国	GSK 广州数控
埃夫特	中国	EFORT
新时达	中国	STEP®
埃斯顿	中国	ESTUN

2. 工业机器人行业应用

当前，工业机器人技术和产业迅速发展，在生产中的应用日益广泛，已成为现代制造生产中重要的高度自动化装备。工业机器人主要被应用于五大应用领域。其占比情况如图1-9所示。

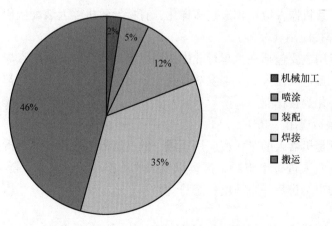

图1-9　工业机器人应用领域占比情况

工业机器人的主要行业应用如图1-10所示。

（1）机械加工应用（2%）

机械加工行业机器人应用量并不高，只占了2%，原因大概也是因为市面上有许多自动化设备可以胜任机械加工的任务。机械加工机器人主要应用的领域包括零件铸造、激光切割以及水射流切割。

a) 焊接机器人

b) 喷涂机器人

c) 码垛机器人

d) 装配机器人

图 1-10　工业机器人主要行业应用

（2）机器人喷涂应用（5%）

这里的机器人喷涂主要指的是涂装、点胶、喷漆等工作，有 5% 的工业机器人从事喷涂的应用。

（3）机器人装配应用（12%）

装配机器人主要从事零部件的安装、拆卸以及修复等工作，由于近年来机器人传感器技术的飞速发展，导致机器人应用越来越多样化，直接导致机器人装配应用比例的下滑。

（4）机器人焊接应用（35%）

机器人焊接应用主要包括在汽车行业中使用的点焊和弧焊，虽然点焊机器人比弧焊机器人更受欢迎，但是弧焊机器人近年来发展势头十分迅猛。许多加工车间都逐步引入焊接机器人，用来实现自动化焊接作业。

（5）机器人搬运应用（46%）

目前搬运仍然是机器人的第一大应用领域，约占机器人应用整体的近五成。许多自动化生产线需要使用机器人进行上下料、搬运以及码垛等操作。近年来，随着协作机器人的兴起，搬运机器人的市场份额一直呈增长态势。

任务1.3　工业机器人的基本结构认知

学习任务描述

学习工业机器人的外围设备构成，工业机器人系统的定义和工业机器人的分类、组成，正确认识工业机器人，明确学习课程的意义。

学习任务实施

1.3.1   工业机器人的分类

1. 按结构特征划分

机器人的结构形式多种多样，典型机器人的运动特征用其坐标特性来描述。按结构特征来分，工业机器人通常可以分为直角坐标机器人、柱面坐标机器人、球面坐标机器人、多关节机器人和并联机器人。

（1）直角坐标机器人

直角坐标机器人是指在工业应用中，能够实现自动控制的，可重复编程的，在空间上具有相互垂直关系的三个独立自由度的多用途机器人，如图 1-11 所示。

机器人在空间坐标系中有三个相互垂直的移动关节，每个关节都可以在独立的方向移动。

直角坐标机器人的特点是直线运动，控制简单。缺点是灵活性差，自身占据空间较大。主要应用在各种自动化生产线中，可以完成焊接、搬运、上下料、包装、码垛、检测、装配、喷涂等一系列工作。

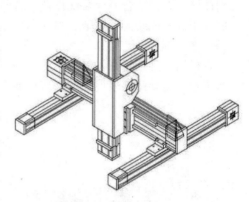

图 1-11   直角坐标机器人

（2）柱面坐标机器人

柱面坐标机器人是指能够形成圆柱坐标系的机器人。其结构主要由一个旋转机座形成的转动关节和垂直、水平移动的两个移动关节构成。

柱面坐标机器人具有空间结构小，工作范围大，末端执行器速度高、控制简单、运动灵活等优点。缺点是工作时，必须有沿 Y 轴线前后方向的移动空间，空间利用率低。目前柱面坐标系主要用于重物的卸载、搬运等工作。

（3）球面坐标机器人

球面坐标机器人一般由两个回转关节和一个移动关节构成。其轴线按极坐标配置。这种机器人运动所形成的轨迹表面是半球面，所以称为球面坐标机器人。

球面坐标机器人同样占用空间小，操作灵活且范围大，但运动学模型较复杂，难以控制。

（4）多关节机器人

关节机器人也称为关节手臂机器人或关节机械手臂，是当今工业领域中应用最为广泛的一种机器人。多关节机器人按照关节的构型不同，又可分为垂直多关节机器人和水平多关节机器人。

垂直多关节机器人主要由机座和多关节臂组成，目前常见的关节臂数是 3～6 个。ABB 六关节臂机器人的结构如图 1-12 所示。

图 1-12   六关节臂机器人

垂直多关节机器人由多个旋转和摆动关节组成，其结构紧凑，工作空间大，工作接近人类，工作时能绕过机座周围的一些障碍物，对装配、喷涂、焊接等多种作业都有良好的适应性，且适合电动机驱动，关节密封、防尘比较容易。

水平多关节机器人也称为 SCARA 机器人，如图 1-13 所示。水平多关节机器人一般具有四个轴和四个自由度，它的第一、二、四轴具有转动特性，第三轴具有线性移动特性，并且第三轴和第四轴可以根据工作需要的不同，制造出多种不同的形态。

水平多关节机器人的特点在于作业空间与占地面积比很大，使用起来方便；在垂直升降方面刚性好，尤其适合平面装配作业。目前主要应用在电子产品行业、汽车工业、塑料工业等领域，用以完成装配、搬取、喷涂和焊接等操作。

（5）并联机器人

并联机器人是近年来发展起来的一种由固定机座和具有若干自由度的末端执行器、以不少于两条独立运动链连接形成的新型机器人，如图 1-14 所示。

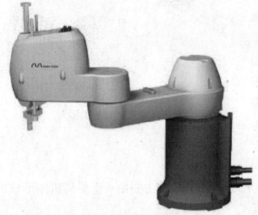

图 1-13　水平多关节机器人　　　　　　图 1-14　并联机器人

和串联机器人相比，并联机器人具有以下特点：

1）无累计误差，精度较高。

2）驱动装置可置于定平台上或接近定平台的位置，运动部分重量轻、速度高、动态响应好。

3）结构紧凑、刚度高、承载能力大。

4）具有较好的各向同性。

5）工作空间小。

并联机器人广泛应用在装配、搬运、上下料、分拣、打磨等需要高精度、高刚度或者大载荷而无需很大工作空间的场合。

2. 按驱动方式划分

根据能量转换方式的不同，工业机器人驱动类型可以划分为气压驱动、液压驱动、电力驱动和新型驱动四种类型。

1）气压驱动。气压驱动机器人是以压缩空气来驱动执行机构的。这种驱动方式的特点是空气来源方便、动作迅速、结构简单；缺点是工作的稳定性与定位精度不高、抓力较小，所以常用于负载较小的场合。

2）液压驱动。液压驱动是使用液体油液驱动执行机构的。与气压驱动机器人相比，液压驱动机器人具有更大的负载能力，其结构紧凑，传动平稳，但液体容易泄露，不宜在高温或低温场合作业。

3）电力驱动。电力驱动是利用电动机产生的力矩驱动执行机构。目前，越来越多的机器人采用电力驱动方式，电力驱动易于控制，运动精度高，成本低。

4）新型驱动。伴随着机器人技术的发展，出现了利用新的工作原理制造的新型驱动器，如静电驱动器、压电驱动器、形状记忆合金驱动器、人工肌肉及光电驱动器。

1.3.2　工业机器人的基本组成及技术参数

1. 工业机器人的外围设备

所有不包括在工业机器人系统内的设备统称为外围设备，如工具、保护装置、皮带传送装置、传感器等。

2. 工业机器人系统

工业机器人系统把工业机器人本体、控制器、控制软件和应用软件与机器人外围设备结合起来，应用于焊接、搬运、插装、喷涂、机床上下料等工业自动化领域。

3. 工业机器人的技术参数

虽然工业机器人的种类、用途不尽相同，但任一工业机器人都具有使其使用的作业范围和要求。目前，工业机器人的主要技术参数有自由度、分辨率、定位精度、重复定位精度、作业范围、运动速度和承载能力。

（1）自由度

自由度是指机器人所具有的独立坐标轴运动的数目，不包括末端执行器的开合自由度，如图 1-15 和图 1-16 所示。

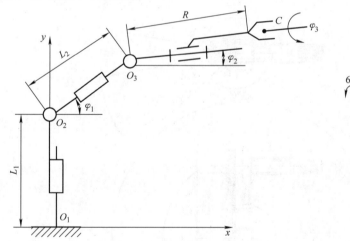

图 1-15　五自由度机器人简图　　　　图 1-16　工业机器人的自由度

一般情况下，机器人的一个自由度对应一个关节，所以自由度与关节的概念是等同的。自由度是表示机器人动作灵活程度的参数，自由度越多，机器人就越灵活，但结构也越复杂。一般机器人自由度为 3~6 个。

（2）分辨率

分辨率是指机器人每个关节所能实现的最小移动距离或最小转动角度，工业机器人的分辨率分为编程分辨率和控制分辨率两种。

（3）定位精度和重复定位精度

定位精度和重复定位精度是机器人的两个精度指标。定位精度是指机器人末端执行器的实际位置与目标位置之间的偏差，由机械误差，控制算法与系统分辨率等部分组成。重复定位精度是指在同一环境、同一条件、同一目标动作、同一命令之下，机器人连续重复运动若干次，其位置的分散情况，是关于精度的统计数据，如图 1-17 所示。

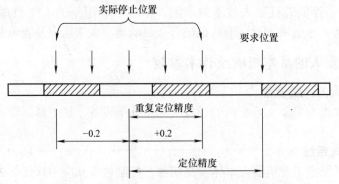

图 1-17　工业机器人的定位精度和重复定位精度

（4）作业范围

作业范围是机器人运动时手臂末端或手腕中心所能到达的位置点的集合，也称为机器人的工作区域。由于末端执行器的形状和尺寸是随作业需求配置的，所以为真实反映机器人的特征参数，机器人作业范围是指不安装末端执行器时的工作区域，如图 1-18 所示。

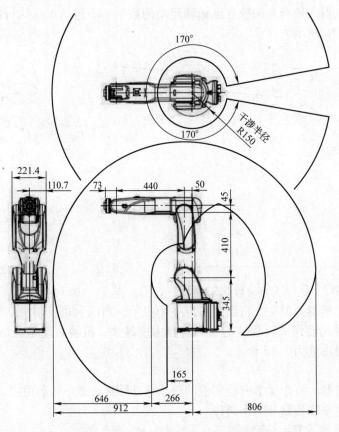

图 1-18　工业机器人的作业范围

（5）运动速度

运动速度影响机器人的工作效率和运动周期，它与机器人所提取的重力和位置精度均有密切关系。运动速度提高，机器人所承受的动载荷增大，必将承受加减速时较大的惯性力，从而影响机器人的工作平稳性和位置精度。工业机器人的运动速度如图 1-19 所示。

图 1-19　工业机器人的运动速度

（6）承载能力

承载能力是指机器人在作业范围内的任何位置上所能承受的最大重量。

思考与练习

1. 填空题

（1）工业机器人由_____、_____ 和_____3 个基本部分组成。

（2）工业机器人本体一般采用_____ 机构，其中的运动副常称为关节，关节的个数通常即为机器人的自由度，大多数工业机器人有_____ 个运动自由度。

（3）工业机器人按应用领域分类可分为搬运机器人_____ 、_____ 、_____ 、_____ 等。

2. 简答题

（1）简述工业机器人的定义和主要特征。

（2）简述工业机器人的主要应用领域。

（3）工业机器人的分类有哪几种？各有什么特点？

（4）简述工业机器人各参数的定义：自由度、重复定位精度、工作空间、运动速度、承载能力。

项目2 工业机器人的安全操作认知

知识点

了解工业机器人的安全生产制度。

掌握工业机器人的安全操作规范。

技能点

安全操作工业机器人。

掌握常用的安全警示标识。

任务2.1 工业机器人安全生产制度认知

学习任务描述

了解工业机器人安全实施规范，掌握常用安全警示标识。

了解工业机器人生产企业的生产制度和安全常识，提高自我安全保护意识。

学习任务实施

2.1.1 企业安全生产管理和方针

1. 工业机器人行业规范条件

为加强工业机器人产品质量管理，规范行业市场秩序，维护用户合法权益，保护工业机器人本体生产企业和工业机器人集成应用企业科技投入的积极性，各企业应遵循的生产管理和规范方针如下。

1）应具备与所开展的工业机器人开发、生产、系统集成、专业技术服务等活动相适应的研发、设计、生产、装配、起重、运输等设施设备（其性能和精度应能满足相关要求）。

2）企业应具备与工业机器人本体、集成系统及关键零部件相适宜的过程检测设备和出厂检测设备，所有检测设备都需要有效计量，有 CNAS 认可的有效校准报告。

3）企业应按照 GB/T 19001 标准建立质量管理体系，通过国家认可的第三方认证机构认证，并能有效运行。

4）产品售后服务要严格执行国家有关规定并建有完善的产品销售和售后服务体系，指导用户合理使用产品，为用户提供相应的操作培训和维修服务。

5）工业机器人本体生产企业还应满足以下要求：

① 至少具有表2-1所示定位和精度检测仪器设备，并且保证校准周期不超过 12 个月；

② 至少应符合表2-2所示通用标准及产品标准，并通过第三方检测机构检测。

6）工业机器人产品保修期不少于 1 年，平均无故障时间不低于 50000 小时。

7）工业机器人集成应用企业还应满足以下要求：

① 应至少具有三坐标检测仪（量程及精度高于产品设计要求）等定位和精度检测仪器设备，并且保证校准周期不超过 12 个月；

表 2-1　定位和精度检测仪器设备

序号	仪器设备	要求
1	性能测试设备	量程及精度高于产品设计要求
2	耐压仪	量程及精度覆盖产品设计指标要求
3	接地电阻测试仪	量程及精度覆盖产品设计指标要求
4	高精度工件尺寸测试设备	量程及精度覆盖产品设计指标要求
5	减速器测试平台	量程及精度覆盖产品设计指标要求
6	伺服电动机测试平台	量程及精度覆盖产品设计指标要求

表 2-2　通用标准及产品标准

序号	通用标准及产品标准
1	GB 11291.1 工业环境用机器人 安全要求 第 1 部分：机器人
2	GB 5226.1 机械安全 机械电气设备 第 1 部分：通用技术条件
3	JB/T 8896 工业机器人 验收规则
4	JB/T 10825 工业机器人 产品验收实施规范
5	GB/T 12642 工业机器人 性能规范及其试验方法
6	GB/T 20868 工业机器人 性能试验实施规范
7	GB/T 14284 工业机器人 通用技术条件

② 应至少符合表 2-3 所示通用标准及产品标准，并通过第三方检测机构检测。

表 2-3　通用标准及产品标准

序号	通用标准及产品标准
1	GB 11291.2 机器人与机器人装备 工业机器人的安全要求 第 2 部分：机器人系统与集成
2	GB/T 15706 机械安全 设计通则 风险评分与风险减小
3	GB 5226.1 机械电气安全 机械电气设备 第 1 部分：通用技术条件
4	GB 16655 机械安全 集成制造系统 基本要求
5	GB/T 20867 工业机器人 安全实施规范
6	GB/T 16855.1 机械安全 控制系统有关安全部件 第 1 部分 设计通则
7	GB 28526 机械电气安全 安全相关电气、电子和可编程电子控制系统的功能安全

2. 工业机器人行业规范条件

中国科学技术协会公布了工业机器人的四个标准——《码垛机器人技术要求与验收规范》《轮式机器人术语》《轮式机器人移动平台设计通则》《电子皮带秤在线自动校验规范》。

这是中国机器人行业标准新公布的标准，适用于三种不同类型的机器人：码垛机器人、轮式机器人和电子皮带秤。

2.1.2　职工安全准则和事故预防

1. 操作者应遵守事项

1）穿着规定的工作服、安全靴、安全帽等安保用品；

2）为确保工场内的安全，请遵守"小心火灾""高压""危险""外人勿进"等规定；

3）认真管理好控制柜，请勿随意按下按钮；

4）勿用力摇晃机器人及在机器人上悬挂重物；

5）在机器人周围，勿有危险行为或游戏；

6）时刻注意安全。

2. 例行整理整顿的工作及区域

1）工作区及工作面不要有积水、油污；

2）工具、材料不要随意散放；

3）使用过的工具请放在机器人工作区域之外的指定位置；

4）交班前，操作人员认真清理机器人及卡具表面，并清扫工作场所。

3. 易燃、易爆品的处理

1）勿在机器人的运行区域内存放易燃、易爆品，焊接火花或电气回路通断时产生的火花易引起燃烧或爆炸；

2）危险品请放置在其他专门的保管库内。

4. 操作者与公司安全管理人员及设备维护人员的联络

操作者在察觉下列危险源后，请及时与管理人员及设备维护人员联系，以便及时采取修理、更换等合理措施。

1）安全护栏、安保用具或保护装置的损伤；

2）紧急停止按钮及安全插座、气缸等的不稳定动作；

3）警示灯或警示标牌破损或运行不良；

4）地面有水或油等引起地滑。

5. 示教作业的相关安全注意事项

示教作业的基本操作是正确持拿示教器，在安全护栏外（机器人本体动作范围之外）进行作业。有时也需要在机器人本体附近或安全护栏内进行工作，这会增加事故的发生率。

（1）操作前的确认

在示教作业前，为了防止示教者之外的其他人员误操作各按钮，请示教人员挂出警示牌以防止事故发生。为了防止在休息时，其他工作人员随意接近工作站，请关闭工作站电源。确认内容：

1）确认在安全护栏内没有任何人，不会发生灾害等异常状态；

2）机器人系统有异常或故障时，要在工作前完成修理；

3）在示教作业前确认示教器的安全保护装置能够正确运行。

① 安全示教速度的确认。示教模式下，机器人的最高运行速度（机器人控制点的速度）为 15m／min（250mm／s），确认能够降低速度。

② 确认安全保护开关正常。确认放开示教器背面的安全保护开关或握紧安全保护开关时，机器人处于停止状态。

③ 确认紧急停止按钮正常。

（2）安全护栏内的示教作业

由于工作需要，必须进入安全护栏内作业时，在进入前应结束所有的编程准备工作，限定在最小的作业范围内，如图 2-1 所示（注：在自动运行时绝对不能进入安全护栏内）。

1）在进入安全护栏前确认安全插座等安全保护装置能否正常工作。

2）进入安全护栏后的对应工作：

① 在安全护栏外要有安全监督人员；

② 保持从正面观察机器人进行示教的姿势；

③ 看着示教点，手动示教；

④ 预先选择好退避场所和退避途径；

⑤ 确认脚底下安全，请勿将站立的位置设置过高。

（3）安全监督人员的工作

图 2-1 工作人员安全护栏内的示教作业

在机器人的动作范围内进行示教等作业时，在安全护栏之外要有安全监督人员，两人配合工作。由于示教作业人员不能观察到周围的情况，要准备好万一发生意外时能够迅速对应。

（4）合作工作的信号

在合作工作时，要注意不断地提醒"请切断电源！""＊＊＊的电源已经切断！"，要求将确切的意思准确地传达给对方，以确保安全。

任务 2.2 工业机器人安全操作和使用规程认知

学习任务描述

在熟练掌握机器人设备知识、安全信息及注意事项后，再正确使用机器人。

学习任务实施

2.2.1 工业机器人安全操作规范

1. 机器人的安全操作规范

在进行机器人的安装、维修、保养时切记要将总电源关闭。带电作业可能会产生致命性后果。如果不慎遭高压电击，可能会导致心跳停止、烧伤或其他严重伤害。

在故障诊断时，机器人有可能必须上电，但当修复故障时，必须断开旋转开关、断开机器人动力电。不可带电维修，以防发生触电事故；在机器人的工作空间外面必须具有可以关断机器人的动力电装置；机器人工作时，一定要注意线缆是否存在破损，一经发现破损，应立即停机维修。

在调试与运行机器人时，它可能会执行一些意外的或不规范的动作，并且所有的动作都会产生很大的力量，从而严重伤害个人或损坏机器人工作范围内的任何设备，所以应时刻警惕并与机器人保持足够的安全距离。

2. 控制柜的安全操作规范

机器人工作时，不允许打开控制柜的门，柜门必须具备报警装置，在其被误打开时，必须强制停止机器人；注意伺服工作时，存在高压电能，所以不可随意触摸伺服，尤其是伺服的出线端子，以防发生触电事故；伺服维修时，必须等伺服的 power 指示灯彻底熄灭，伺服内部电容完全放电后才可维修，否则容易发生触电事故；控制柜的主电线缆均为高压线缆，应远离这些线缆以及线缆上的电气器件，以防发生触电事故；控制柜内如有变压器，应当远离变压器的周边，以防发生触电事故；即使控制柜的旋转开关已关断，也应注意控制柜内是否残留有电流，不可随意触摸、拆卸控制柜内器件，一定要注意，旋转开关断开的是开关电路，开关前面的器件依然带电，必要时，请断开控制柜的电源。

3. 投入运行的安全操作规范

功能检查期间，不允许有人员或物品留在机器人危险范围内。功能检查时必须确保机器人系统已置放并连接好，机器人系统上没有异物或损坏、脱落、松散的部件，所有安全防护装置及防护装置均完整且有效，所有电气接线均正确无误，外围设备连接正确，外部环境符合操作指南中规定的允许值，必须确保机器人控制系统型号铭牌上的数据与制造商声明中登记的数据一致。

4. 自动运行安全操作规范

只有在实施以下安全措施的前提下，才允许使用自动运行模式。

1）预期的安全防护装置都在相应位置，并且能起作用；

2）程序经过验证，相关性能满足自动运行要求；

3）在安全防护空间内没有人，如机器人或附件轴停机原因不明，则只在已启动紧急停止功能后方可进入危险区。

5. 运输安全操作规范

务必注意规定的机器人运输方式。须按照机器人操作指南中的指示进行运输。运输机置放机器人控制系统时均应保持竖直状态。避免运输过程中的振动或碰撞，以免对机器人控制系统造成烫伤。

6. 维修安全操作规范

维修人员必须保管好机器人钥匙，严禁非授权人员在手动模式下进入机器人软件新系统，随意翻阅或修改程序及参数，若发现某些故障或误动作，则维修人员在进入安全防护空间之前应进行排除或修复。若必须进入安全防护空间内维修，则机器人控制必须脱离自动操作状态；所有机器人系统的急停装置应保持有效。

2.2.2 工业机器人使用规程

1. 示教作业时注意事项

（1）示教人员应注意的其他事项

1）中断示教时，为确保安全，应按下紧急停止按钮；

2）试教后，需要运行程序时，再跟踪示教一遍，确认动作后再使用程序；

3）要解除紧急停止，必须先查明原因；

4）做成的程序要使用外部存储功能时，必须先保存到外存储设备中。

（2）安全监督员的任务

1）安全监督员站在可以看到整个机器人系统的位置，监督示教人员的操作情况；

2）要保持随时能够按下紧急停止按钮的姿势；

3）请勿进入机器人的动作范围内。

为确保安全，要采取合适的方法。如果周围有噪声，听不清口号的时候，要打手势以便通讯。

2. 用电的注意事项

在使用电源时，必须确认安全情况。

1）安全护栏内不得有人员逗留；

2）遮光帘、防护罩、卡具是否在正确的位置；

3）要一个一个地打开电源，随时确认机器人的状态；

4）确认警示灯的状态如何；

5）确认紧急停止按钮的位置和功能；

6）系统必须电气接地；

7）在设备断电5分钟内，不得接触机器人控制器或插拔机器人连接线；

8）每次设备上电前要对设备及线缆进行检查，发现线缆有破损或老化现象要及时更换，不得带伤运行。

3. 工作前的点检

每天工作前，必须检查安全保护装置是否安全有效。

1）示教器上的紧急停止按钮是否有效；

2）操作箱及工作区域内设置的所有紧急停止按钮是否有效；

3）安全护栏有无破损，安全护栏出入口处的连锁装置及安全插座等保护装置是否有效；

4）焊装夹具连接处是否有松动，气缸是否正常工作。

4. 工作中的注意事项

（1）示教器的保护

在使用示教器时，必须将示教器放回原位置。示教器有破损的话，就不能保证机器人安全运行。

（2）紧急情况下的处理方法

在感觉有危险时，立即按下紧急停止按钮（急停按钮），中止机器人运转。紧急停止按钮分别设置在示教器、主操作箱、副操作面板上，如图2-2、图2-3和图2-4所示。

图2-2　机器人急停按钮

图2-3　使用时按下　　　　　图2-4　旋转复位

（3）在安全护栏内工作时应注意的安全事项

进入安全护栏内时，应按下紧急停止按钮或拔下安全插座钥匙后确认机器人的伺服电源已切断。

5. 安装调试过程注意事项

（1）设备安装 为了保证设备安装连接时的安全，安装前一定阅读、理解"机器人操作手册"，并严格遵循：线缆的连接要符合设备要求，设备的安全固定一定要牢靠，严禁强制性扳动机器人运动轴及依靠机器人或控制柜，禁止随意按动操作键，如图2-5所示。

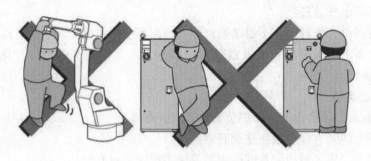

图2-5 严禁对机器人进行违规操作

（2）设备调试 机器人调试前一定要进行严格仔细检查，机器人运动范围（如图2-6所示）内无人员及碰撞物，确保作业内安全，避免粗心大意造成安全事故。

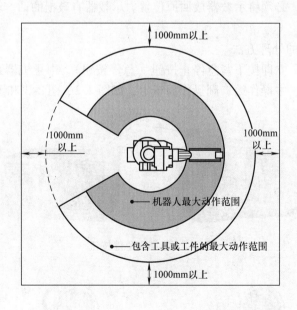

图2-6 机器人运动范围

6. 常用警示标牌（表 2-4）

表 2-4　常用的警示标牌

序号	警示标牌	名称	含义
1		电击	针对可能会导致严重的人员伤害
2		危险提醒	提示当前环境可能存在危险
3		危险	警告，误操作时有危险，可能会发生事故，并导致严重或致命的人员伤害或严重的产品损坏
4		小心	警告，如果不依照说明操作，可能会发生能造成伤害或重大的产品损坏。它也适用于包括烧伤、眼睛伤害、皮肤伤害、听觉伤害、跌倒、撞击和从高处跌落等危险的警告。此外，安装和卸除有损坏产品或导致故障风险的设备时，它适用于包括功能需求的警告
5		警告	警告，如果不依照说明操作，可能会发生事故，该事故可造成严重的伤害（可能致命）或重大的产品损坏。主要起警示提醒作用
6		静电放电（ESD）	静电放电（ESD）针对可能会导致产品严重损坏的电气危险的警告
7		注意	注意描述重要的事实和条件
8		提示	提示描述从何处查找附件信息或者如何以更简单的方式进行操作

思考与练习

1. 简述工业机器人企业的安全生产制度。
2. 简述如何在使用工业机器人中保障人身安全和设备安全。
3. 工业机器人的急停按钮在什么位置？如何使用？

模块二　工业机器人机械安装调试

项目3　工业机器人本体结构认知

知识点

掌握工业机器人的结构。

理解工业机器人各机构组成及原理。

技能点

会用图形符号与术语表示机器人的机械结构。

任务3.1　机器人的基本术语与图形符号

学习任务描述

了解机器人的基本术语。

掌握机器人的图形符号体系和表示方法。

能够画出工业机器人的运动简图。

学习任务实施

3.1.1　机器人的基本术语

1. 关节

关节（Joint）：即运动副，是允许机器人手臂各零件之间发生相对运动的机构，也是两构件直接接触并能产生相对运动的活动连接，如图3-1所示，A、B两部件可以做互动连接。

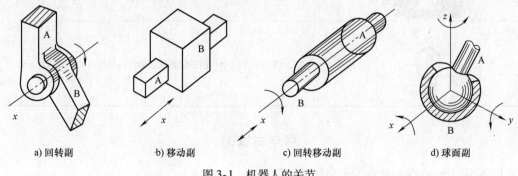

a) 回转副　　　　b) 移动副　　　　c) 回转移动副　　　　d) 球面副

图3-1　机器人的关节

高副机构简称高副，指的是运动机构的两个构件通过点或线的接触而构成的运动副。例如齿轮副和凸轮副就属于高副机构。平面高副机构拥有两个自由度，即相对接触面切线方向的移动和相对接触点的转动。相对而言，通过面的接触而构成的叫做低副机构。

关节是各杆件间的结合部分，是实现机器人各种运动的运动副，由于机器人的种类很多，其功能要求不同，关节的配置和传动系统的形式都不同。机器人常用的关节有移动、旋转运动副。一个关节系统包括驱动器、传动器和控制器，属于机器人的基础部件，是整个机器人伺服系统中的一个重要环节，其结构、重量、尺寸对机器人性能有直接影响。

（1）回转关节

回转关节又叫做回转副、旋转关节，是使连接两杆件的组件中一件相对于另一件绕固定轴线转动的关节，两个构件之间只做相对转动的运动副。如手臂与机座、手臂与手腕，并实现相对回转或摆放的关节机构，由驱动器、回转轴和轴承组成。多数电动机能直接产生旋转运动，但常需各种齿轮、链、带传动或其他减速装置，以获取较大的转矩。

（2）移动关节

移动关节又叫做移动副、滑动关节，是使两杆件的组件中的一件相对于另一件做直线运动的关节，两个构件之间只做相对移动。它采用直线驱动方式传递运动，包括直角坐标结构的驱动、圆柱坐标结构的径向驱动和垂直升降驱动，以及极坐标结构的径向伸缩驱动。直线运动可以直接由气缸或液压缸和活塞产生，也可以采用齿轮齿条、丝杠、螺母等传动元件把旋转运动转换成直线运动。

（3）圆柱关节

圆柱关节又叫做回转移动副、分布关节，是使两杆件的组件中的一件相对于另一件移动或绕一个移动轴线转动的关节，两个构件之间除了做相对转动之外，还同时可以做相对移动。

（4）球关节

球关节又叫做球面副，是使两杆件间的组件中的一件相对于另一件在三个自由度上绕一固定点转动的关节，即组成运动副的两构件能绕一球心做三个独立的相对转动的运动副。

2. 连杆

连杆（Link）：指机器人手臂上被相邻两关节分开的部分，是保持各关节间固定关系的刚体，是机械连杆机构中两端分别与主动和从动构件铰接以传递运动和力的杆件。例如在往复活塞式动力机械和压缩机中，用连杆来连接活塞与曲柄。连杆多为钢件，其主体部分的截面多为圆形或工字形，两端有孔，孔内装有青铜衬套或滚针轴承，供装入轴销而构成铰接。

连杆式机器人中的重要部件，它连接着关节，其作用是将一种运动形式转变为另一种运动形式，并把作用在主动构件上的力传给从动构件以输出功率。

3. 刚度

刚度（Stiffness）：是机器人机身或臂部在外力作用下抵抗变形的能力。它是用外力和在外力作用方向上的变形量之比来度量。在弹性范围内，刚度是零件载荷与位移成正比的比例系数，即引起单位位移所需的力。它的倒数称为柔度，即单位力引起的位移。刚度分为静刚度和动刚度。

在任何力的作用下，体积和形状都不发生改变的物体叫做刚体（Rigid body）。在运动中，刚体内任意一条直线在各个时刻的位置都保持平行。

3.1.2　机器人的图形符号体系

1. 运动副的图形符号

机器人所用的零件和材料以及装配方法等与现有的各种机械完全相同。机器人常用的关节有移动、旋转运动副，常用的运动副图形符号见表 3-1。

表 3-1　常用的运动副图形符号

运动副名称		运动副符号	
		两运动构件构成的运动副	两构件之一为固定时的运动副
空间运动副	螺旋副		
	球面副及球销副		
平面运动副	转动副		
	移动副		
	平面高副		

2. 基本运动的图形符号

机器人的基本运动与现有的各种机械表示也完全相同。常用的基本运动图形符号见表 3-2。

表 3-2　常用的基本运动图形符号

序号	名称	符号
1	直线运动方向	 单向 　　　　　双向
2	旋转运动方向	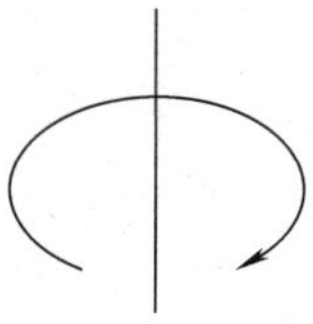 单向 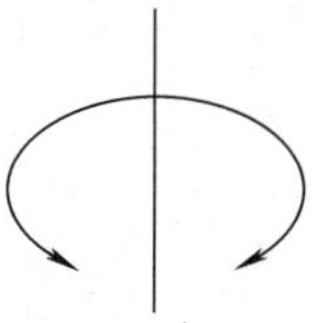　　　　　双向
3	连杆、轴关节的轴	
4	刚性连接	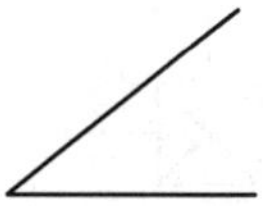
5	固定基础	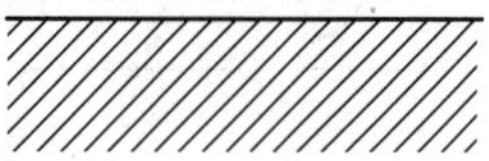
6	机械联锁	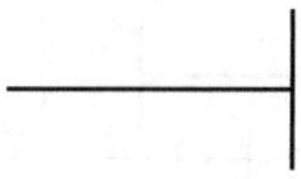

3. 运动机能的图形符号

机器人的运动机能常用的图形符号见表 3-3。

表 3-3　机器人的运动机能常用的图形符号

编号	名称	图形符号	参考运动方向	备注
1	移动（1）	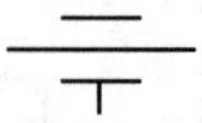	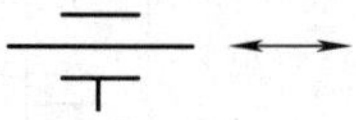	
2	移动（2）	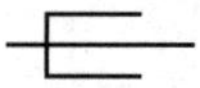	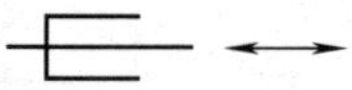	
3	回转机构	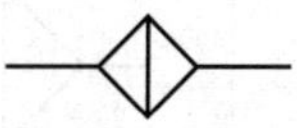	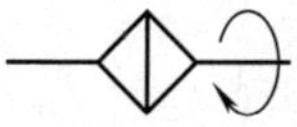	

（续）

编号	名称	图形符号	参考运动方向	备注
4	旋转（1）	① 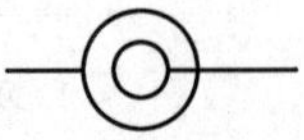 ② 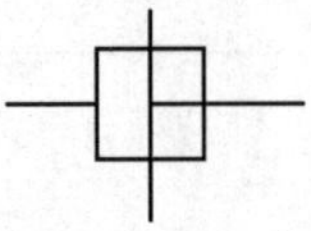	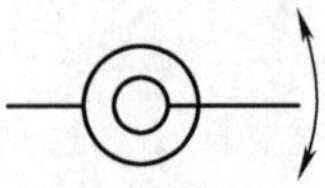 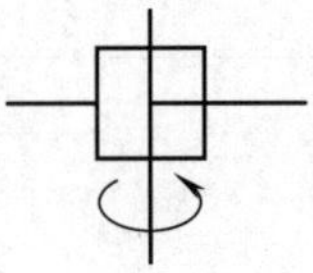	① 表示一般常用的图形符号； ② 表示①的侧向的图形符号
5	旋转（2）	① 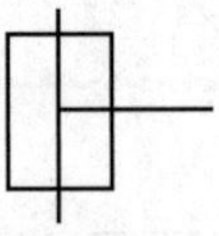 ② 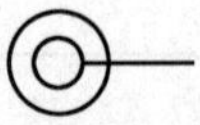	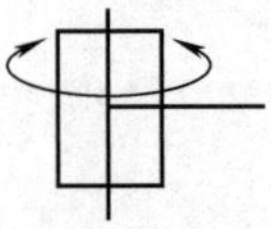 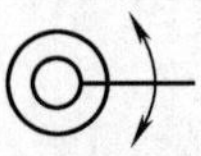	① 表示一般常用的图形符号； ② 表示①的侧向的图形符号
6	差动齿轮	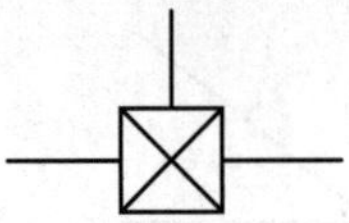	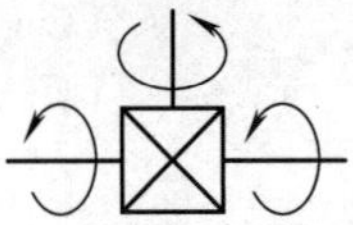	
7	球关节	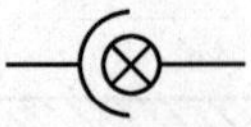		
8	握持	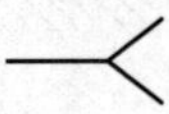	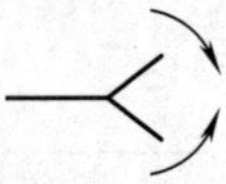	
9	保持	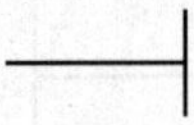		
10	机座	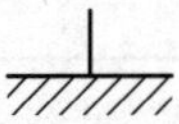		

4. 运动机构的图形符号

机器人的运动机构常用的图形符号见表3-4。

表3-4　机器人的运动机构常用的图形符号

编号	名称	自由度	图形符号	参考运动方向	备注
1	直线运动关节（1）	1	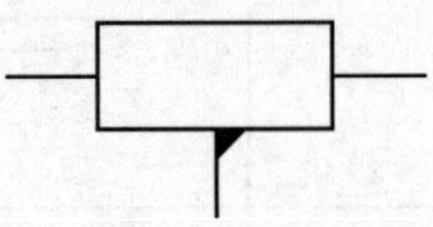	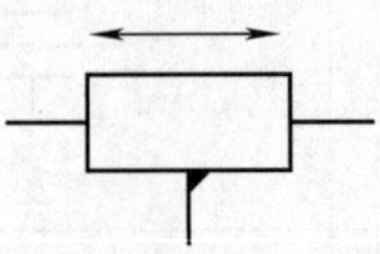	
2	直线运动关节（2）	1	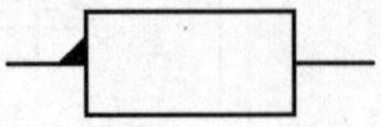	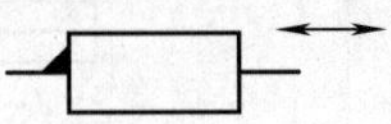	
3	旋转运动关节（1）	1	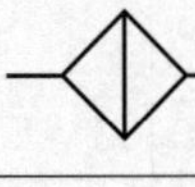	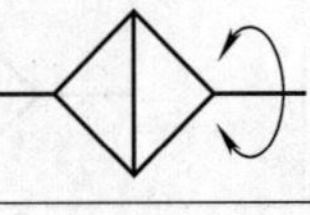	

（续）

编号	名称	自由度	图形符号	参考运动方向	备注
4	旋转运动关节（2）	1			平面
5		1	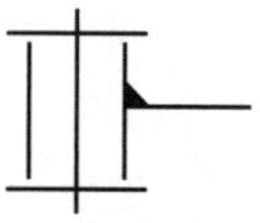	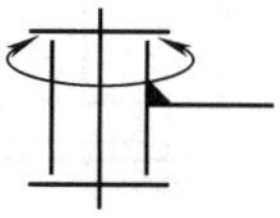	立体
6	轴套式关节	2	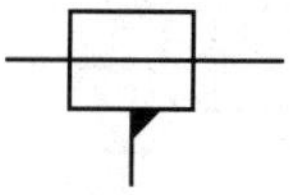	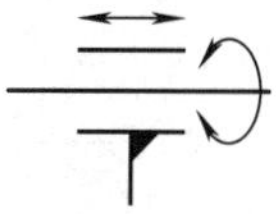	
7	球关节	3	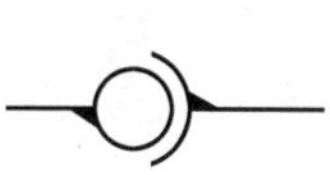		
8	末端操作器		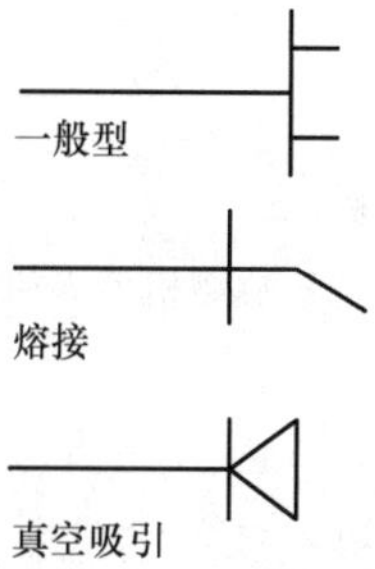 一般型 熔接 真空吸引		

3.1.3　机器人的图形符号表示

机器人的描述方法可分为机器人机构简图、机器人运动原理图、机器人传动原理图、机器人速度描述方程、机器人位置运动学方程、机器人静力学描述方程等。

1. 四种坐标机器人的机构简图

机器人的机构简图是描述机器人组成机构的直观图形表达形式，是将机器人的各个运动部件用简便的符号和图形表达出来，此图可用上述图形符号体系中的文字与代号表示。常见四种坐标机器人的机构简图如图 3-2 所示。

2. 机器人运动原理图

机器人运动原理图是描述机器人运动的直观图形，是将机器人的运动功能原理用简便的符号和图形表达出来，此图可用上述的图形符号体系中的文字与代号表示。

机器人运动原理图是建立坐标系、运动和动力方程式，设计机器人传动原理图的基础，也是我们为了应用好机器人，在学习使用机器人时最有效的工具。某型号的机器人的机构运动示意图和运动原理图如图 3-3 和图 3-4 所示。

3. 机器人传动原理图

将机器人动力源与关节之间的运动及传动关系用简洁的符号表示出来，就是机器人传动

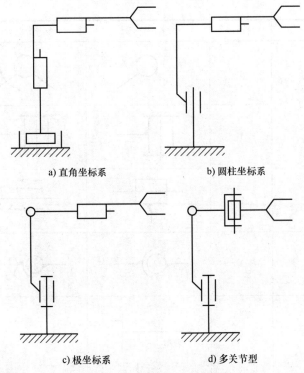

a) 直角坐标系　　　　b) 圆柱坐标系

c) 极坐标系　　　　d) 多关节型

图 3-2　典型机器人机构简图

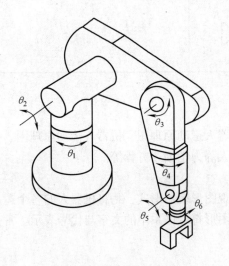

图 3-3　机构运动示意图

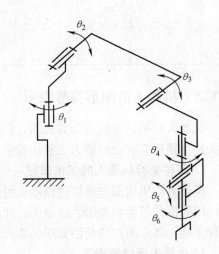

图 3-4　机构运动原理图

原理图，示例如图 3-5 和图 3-6 所示。机器人的传动原理图是机器人传动系统设计的依据，也是理解传动关系的有效工具。

4. 典型机器人的结构简图

（1）KUKA 公司的 KR5 SCARA

该四自由度机器人结构简单，有 3 个转动关节，1 个螺纹移动关节。其结构如图 3-7 所示。

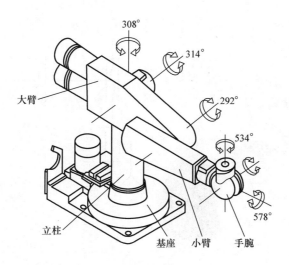

图 3-5　PUMA-262 关节型机器人结构简图

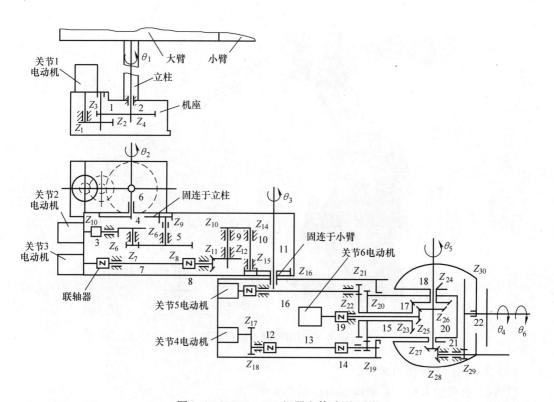

图 3-6　PUMA-262 机器人传动原理图

（2）ABB 公司的 IRB2400

ABB、FUNAC、KUKA 的大多数产品为六自由度机器人，MOTOMAN 也有六自由度产品，它们的关节分布比较类似，多采用安川交流驱动电动机。其中，ABB 公司的 IRB2400 型产品是全球销量最大的机器人之一，已安装 20000 套，其结构简图如图 3-8 所示。

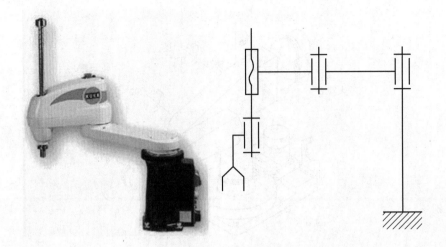

图 3-7 KR5 SCARA 的结构简图

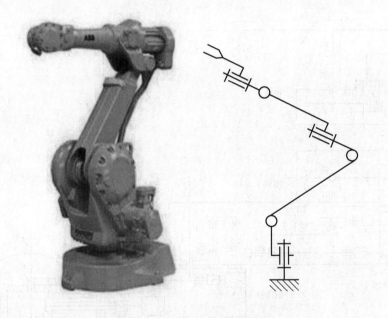

图 3-8 IRB2400 的结构简图

（3）FUNAC 公司的 R2000Ib

FUNAC 公司的 R2000Ib 结构简图如图 3-9 所示。

（4）MOTOMAN 公司的 IA20

MOTOMAN 公司的 IA20 是七自由度机器人，其结构简图如图 3-10 所示。

（5）MOTOMAN 公司的 DIA10

MOTOMAN 公司的 DIA10 产品的结构较为复杂，有 15 个自由度，其结构简图如图 3-11 所示。

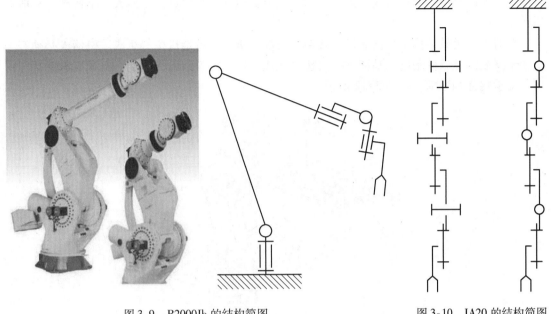

<table>
<tr><td>图 3-9　R2000Ib 的结构简图</td><td>图 3-10　IA20 的结构简图</td></tr>
</table>

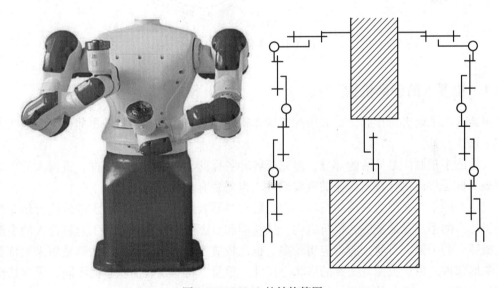

图 3-11　DIA10 的结构简图

任务 3.2　工业机器人机械机构

学习任务描述

　　了解常用机械机构的组成、原理。

　　掌握工业机器人的机械机构。

学习任务实施

　　工业机器人包括机械部分、机器人控制系统、手持式编程器、连接电缆、软件及附件等关于机器人所有组件。机器人一般采用六轴式节臂运动系统设计，机器人的结构部件一般采用铸铁结构。

机器人的机械结构系统由手部、腕部、臂部、机身和行走机构等组成。机器人必须有一个便于安装的基础件基座。基座往往与机身做成一体，机身与臂部相连，机身支承臂部，臂部又支承腕部和手部，如图 3-12 所示。

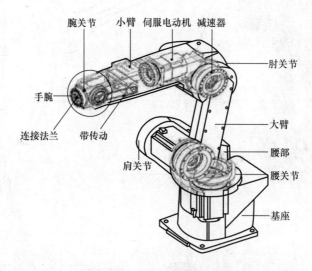

图 3-12　本体的内部结构

3.2.1　机器人的手部机构

机器人为了能进行作业，就必须配置操作机构，这个操作机构叫做手部，有时也叫做手爪或末端执行器。

人类的手是肢体最灵活的部分，能完成各种各样的动作和任务。同样，机器人的手部也是完成抓握工件或执行特定作业的重要部件，也需要有多种结构。

机器人的手部又称为末端执行器，它是装在机器人腕部，直接抓握工件或执行作业的部件。机器人的手部是最重要的执行机构，从功能和形态上看，它可分为工业机器人的手部和仿人机器人的手部。目前，前者应用较多，也比较成熟。工业机器人的手部是用来握持工件或工具的部件。由于被握持工件的形状、尺寸、重量、材质及表面状态的不同，手部结构也是多种多样的。大部分的手部结构都是根据特定的工件要求而专门设计的。

1. 机器人的手部机构

（1）手部与腕部相连处可拆卸

手部与腕部有机械接口，也可能有电、气、液接口。工业机器人作业对象不同时，可以方便拆卸和更换手部。

（2）手部是机器人末端执行器

它可以像人手那样具有手指，也可以不具备手指；可以是类似人的手爪，也可以是进行专业作业的工具，比如装在机器人腕部的喷漆枪、焊接工具等。

（3）手部的通用性比较差

　　机器人手部通常是专用的装置。例如，一种手爪往往只能抓握一种或几种在形状、尺寸、重量等方面相近似的工件；一种工具只能执行一种作业任务。

2. 机器人手爪的分类

（1）按手部的用途分类

手部按其用途划分，可以分为手爪和工具两类。

1）手爪。手爪具有一定的通用性，它的主要功能是：抓住工件、握持工件、释放工件。

抓住：在给定的目标位置上一期望的姿态抓住工件，工件在手爪内必须具有可靠的定位，保持工件与手爪之间准确的相对位姿，并保证机器人后续作业的准确性。

握持：确保工件在搬运过程中或零件在装配过程中定义了的位置和姿态的准确性。

释放：在指定点上除去手爪和工件之间的约束关系。

如图所示，手爪在夹持圆柱工件时，尽管夹紧力足够大，在工件和手爪接触面上有足够的摩擦力来支承工件重量，但是从运动学观点看其约束条件仍不够，不能保证工件在手爪上的准确定位。

2）工具。工具是进行某种作业的专用工具，如喷枪、焊具等。如图 3-13 所示。

图 3-13　专用工具

（2）按手部的抓握原理分类

手部按其抓握原理可分为夹钳式取料手和吸附式取料手两类。

1）夹钳式取料手。夹钳式取料手由手指、手爪、驱动机构、传动机构及连接与支承元件组成，如图 3-14 所示。通过手指的开、合动作实现对物体的夹持。

① 手指。它是直接与工件接触的部件。手部松开和夹紧工件，就是通过手指的张开与闭合来实现的。机器人的手部一般有两个手指，也有三个或多个手指，其结构形式常取决于被夹持工件的形状和特性。

② 指端形状。指端是手指上直接与工件接触的部位，其结构形状取决于工件形状。常用的有以下类型。

V 型指：如图 3-15a 所示，它适合夹持圆柱形工件，特点是夹紧平稳可靠，夹持误差小；也可以用两个滚柱代替 V 型体的两个工作面，如图 3-15b 所示，它能快速夹持旋转中

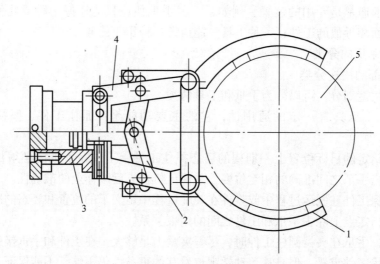

图 3-14　夹钳式取料手

1—手指　2—传动机构　3—驱动机构　4—支架　5—工件

的圆柱体；图 3-15c 所示是可浮动的 V 型指，有自复位能力，与工件接触好，但浮动件是机构中的不稳定因素。在夹紧时和运动中受到的外力，必须由固定支撑来承受，或者设计成可自锁的浮动件。

平面指：如图 3-16a 所示，一般用于夹持方形工件，板形或细小棒料；

尖指和薄、长指：尖指如图 3-16b 所示，一般用于夹持小型或柔性工件；薄指用于夹持位于狭窄工作场地的细小工件，以避免和周围障碍物相碰；长指

a) 固定V型　　　b) 滚柱V型　　　c) 可浮动V型

图 3-15　机器人 V 型指

用于夹持炽热的工件，以免热辐射对手部传动机构的影响。

特形指：如图 3-16c 所示，对于形状不规则的工件，必须设计出与工件形状相适应的专用特形手指，才能夹持工件。

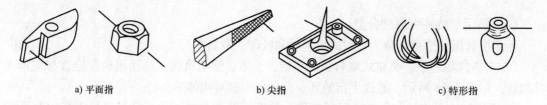

a) 平面指　　　　　　b) 尖指　　　　　　c) 特形指

图 3-16　夹钳式手的指端

③ 指面形状。根据工件形状、大小及其被夹持部位材质、软硬、表面性质等不同，手指指面有以下几种形式。

光滑指面：指面平整光滑，用来夹持工件的已加工表面，避免已加工表面受损伤。

齿形指面：指面刻有齿纹，可增加与被夹持工件间的摩擦力，以确保夹紧牢靠，多用来夹持表面粗糙的毛坯或半成品。

柔性指面：指面镶嵌橡胶、泡沫、石棉等物，有摩擦力，可保护工作表面，有隔热等作用。一般用于夹持已加工表面、炽热件、也适用于夹持薄脆壁件和脆性工件。

④ 传动机构。它是向手指传递运动和动力，以实现夹紧和松开动作的机构，该机构根据手指开合的动作特点分为回转型和移动型。回转型又分为一支点回转和多支点回转。根据手爪夹紧是摆动还是平动，又分为摆动回转型和平动回转型。

⑤ 驱动装置。它是向传动机构提供动力装置。按驱动方式的不同，可有液压、气动、电动和机械驱动之分，还有利用弹性元件的弹性力抓取物件不需要驱动元件的。

气动手爪目前得到广泛的应用，这是因为气动手爪有许多突出的优点：结构简单、成本低、容易维修、开合迅速、重量轻。其缺点是空气介质的可压缩性使爪钳位置控制比较复杂。液压驱动手爪成本稍高一些。电动手爪的优点是手指开合电动机的控制与机器人控制可以共用一个系统，但是夹紧力比气动手爪、液压手爪小，开合时间比它们长。电磁手爪控制信号简单，但是电磁夹紧力与爪钳行程有关，因此，只用在开合距离小的场合。

2）吸附式取料手。吸附式取料手靠吸附力取料。吸附式取料手适用于大平面、易碎、微小的物体，因此适用面也较大。吸附式取料手靠吸附力的不同分为气吸附和磁吸附两种。

① 气吸附式取料手。气吸附式取料手是利用吸盘内的压力和大气压之间的压力差而工作的。按形成压力差的方法，可分为真空气吸式、气流负压气吸式、挤压排气负压气吸式几种。

吸附式取料手与夹钳式取料手手指相比，具有结构简单、重量轻、吸附力分布均匀等优点。对于薄片状物体的搬运更具有其优越性，广泛应用于非金属材料或不可有剩磁的材料的吸附。但要求物体表面较平整光滑，无孔无凹槽。下面介绍气吸式取料手的结构原理。

图 3-17 所示为真空气吸附取料手结构原理。其产生真空是利用真空泵，真空度较高。主要零件为碟形橡胶吸盘 1，通过固定环 2 安装在支承杆 4 上，支承杆 4 由螺母 5 固定在基板 6 上。取料时，碟形橡胶吸盘与物体表面接触，橡胶吸盘在边缘既起到密封作用，又起到缓冲作用，然后真空抽气，吸盘内腔形成真空，实施吸附取料。放料时，管路接通大气，失去真空，物体放下。

为避免在取放料时产生撞击，有的还在支承杆上配有弹簧缓冲。为了更好地适应物体吸附面的倾斜情况，有的在橡胶吸盘背面设计有球铰。真空取料有时还用于微小无法抓取的零件。

真空吸附取料工作可靠，吸附力大，但需要有真空系统，成本较高。

气流负压吸附取料手，利用流体力学的原理，当需要取物时，压缩空气高速流经喷嘴，其出口处的气压低于洗盘腔内的气压，于是腔内的气体被高速气流带走而形成负压，完成取物动作，当需要释放时，切断压缩空气即可。这种取料手需要的压缩空气，工厂里较易取得，故成本较低，如图 3-18 所示。

② 磁吸附式取料手。磁吸附式取料手是利用电磁铁通电后产生的电磁吸力取料，因此只能对铁磁物体起作用，另外，对某些不允许有剩磁的零件要禁止使用，所以，磁吸附取料手的使用有一定的局限性。电磁铁的工作原理如图 3-19 所示，当线圈 1 通电后，在铁心 2 内外产生磁场，磁力线经过铁心，空气隙和衔铁被磁化并形成回路。衔铁受到电磁吸力的作用被牢牢吸住。实际使用时，往往采用盘式电磁铁，衔铁是固定的，衔铁内用隔磁材料将磁力线切断，当衔铁接触物体零件时，零件被磁化形成磁力线回路并受到电磁吸力而被吸住。

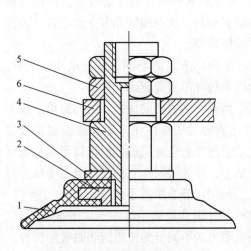

图 3-17　真空气吸附取料手

1—橡胶吸盘　2—固定环　3—垫片　4—支承杆

5—螺母　6—基板

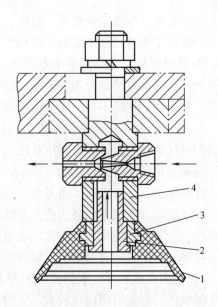

图 3-18　气流负压吸附取料手

1—橡胶吸盘　2—固定环　3—垫片　4—支承杆

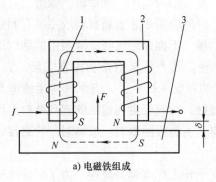

a) 电磁铁组成

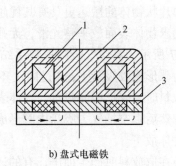

b) 盘式电磁铁

图 3-19　电磁铁工作原理

1—线圈　2—铁心　3—衔铁

（3）按手部的智能化分类

按手部的智能化划分，可以分为普通式手爪和智能化手爪两类。普通式手爪不具备传感器。智能化手爪具备一种或多种传感器，如力传感器、触觉传感器等，手爪与传感器集成为智能化手爪。

（4）仿人手机器人手部

目前，大部分工业机器人的手部只有两个手指，而且手指上一般没有关节。因此取料不能适应物体外形的变化，不能使物体表面承受比较均匀的夹持力，因此无法满足对复杂形状、不同材质的物体实施夹持和操作。

为了提高机器人手部和腕部的操作能力、灵活性和快速反应能力，使机器人能像人手一样进行各种复杂的作业，如装配作业，维修作业，设备操作等。就必须有一个运动灵活、动作多样的灵巧手，即仿人手机器人手部。

1）柔性手。柔性手可对不同外形物体实施抓取，并使物体表面受力比较均匀。如图3-20所示为多关节柔性手，每个手指由多个关节串接而成。图3-21是其手指传动原理，手指传动部分由牵引钢丝绳及摩擦滚轮组成，每个手指由两根钢丝绳牵引，一侧为握紧，一侧为放松。这样的结构可抓取凹凸外形并使物体受力较为均匀。

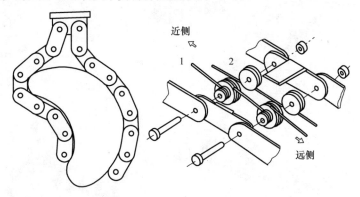

图3-20 多关节柔性手

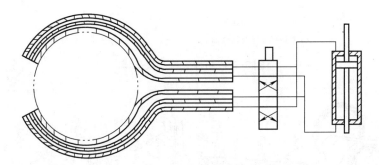

图3-21 柔性手手指传动原理

2）多指灵活手。机器人手部和腕部最完美的形式是模仿人手的多指灵活手。多指灵活手由多个手指组成，每个手指有三个回转关节，每个关节自由度都是独立控制的，这样各种复杂动作都能模仿。图3-22是多指灵活手。

（5）专用末端操作器及换接器

1）专用末端操作器。机器人是一种通用性较强的自动化设备，可根据作业要求完成各种动作，再配上各种专用的末端操作器后，就能完成各种操作，如图3-23所示。

如在通用机器人上安装焊枪就成为一台焊接机器人，安装拧螺母机则成为一台装配机器人。目前，有许多由专用电动、气动工具改型而成的操作器，如图有拧螺母机、焊枪、电磨头、电铣头、抛光头、激光切割机等，形成了一整套系列供用户选用，使机器人能胜任各种工作，如图3-24所示。

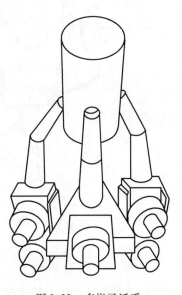

图3-22 多指灵活手

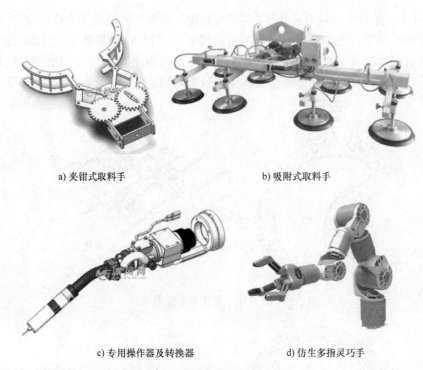

a) 夹钳式取料手   b) 吸附式取料手

c) 专用操作器及转换器   d) 仿生多指灵巧手

图 3-23　机器人末端执行器

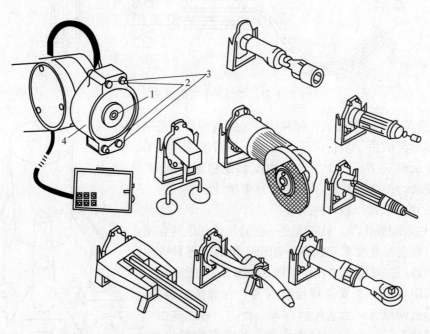

图 3-24　各种专用末端操作器和电磁吸盘式换接器
1—气路接口　2—定位销　3—电接头　4—电磁吸盘

　　2）换接器或自动手爪更换装置。使用一台通用机器人，要在作业时能自动更换不同的
末端执行器，这就需要配置具有快速装卸功能的换接器。换接器由两部分组成：换接器插座

和换接器插头，分别装在机器腕部和末端操作器上，能够实现机器人对末端操作器的快速自动更换。

具体实施时，各种末端操作器存放在工具架上，组成一个专用末端操作器库。机器人可根据作业要求自行从工具架上接上相应的专用末端操作器。

专用末端操作器及换接器的要求主要有：同时具备气源、电源及信号的快速连接与切换；能承受末端操作器的工作载荷；在失电、失气情况下，机器人停止工作时不会自行脱离；具有一定的换接精度等。

3）焊枪。熔化极气体保护焊的焊枪可用来进行手工操作和自动焊。这些焊枪包括适用于大电流、高生产率的重型焊枪和适用于小电流、全位置焊的轻型焊枪。

焊枪还可以分为水冷式或气冷式及鹅颈式或手枪式，这些形式既可以制成重型焊枪，也可以制成轻型焊枪。熔化极气体保护焊用焊枪的基本组成如下：导电嘴、气体保护喷嘴、送丝导管和焊接电缆等，这些元器件如图 3-25 所示。

点焊电极是保证点焊质量的重要零件，其主要功能有：向工件传导电流；向工件传递压力；迅速导散焊接区的热量。

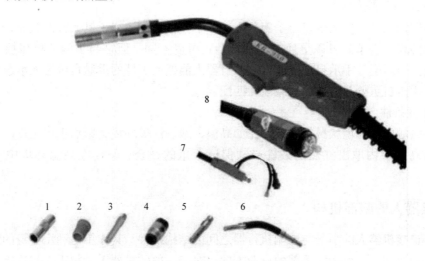

图 3-25　焊枪示意图

1—喷嘴　2—分流器　3—导电嘴　4—绝缘螺母　5—连杆　6—弯管　7—松下接头　8—欧式接头

3. 手爪设计和选用的要求

机器人末端手爪工具可采用气缸驱动，如图 3-26 所示，此外，气动手爪工具可抓取工件，送至变位机气动夹具内夹紧，并可夹持其他多种模拟焊接、抛光、绘图工具，用于模拟工业机器人自动化作业。手爪设计和选用最主要是满足功能上的要求，具体来说要在下面几个方面进行调查，提出设计参数和要求。

（1）被抓握的对象物

手爪设计和选用首先要考虑的是什么样的工件要被抓握。因此，必须充分了解工件的几何形状、机械特性。

1）几何参数有：工件尺寸；可能给予抓握表面的数目；可能给予抓握表面的位置和方向；夹持表面之间的距离；夹持表面的几何形状。

2）机械特性有以下方面：质量、材料、固有稳定性、表面质量和品质、表面状态、工件温度。

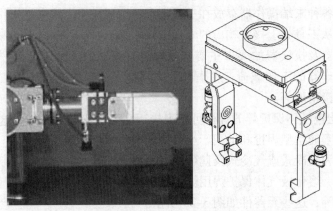

图3-26　机器人末端工具实例

（2）手爪和机器人匹配

手爪一般用法兰式机械接口与手腕相连接，手抓自重也增加了机械臂的载荷，这两个问题必须仔细考虑。手爪是可以更换的，手爪形式可以不同，但是与手腕的机械接口必须相同，这就是接口匹配。手爪自重不能太大，机器人能抓取工件的重量是机器人承载能力减去手爪重量。手爪自重要与机器人承载能力匹配。

（3）环境条件

在作业区域内的环境状况很重要，比如高温、水、油等环境会影响手爪工作。一个锻压机械手要从高温炉内取出红热的锻件必须保证手爪的开合、驱动在高温环境中均能正常工作。

3.2.2　机器人的腕部机构

腕部是连接机器人的小臂与末端执行器之间的结构部件，其作用是利用自身的活动来确定手部的空间姿态，从而确定手部的作业方向。对于一般的机器人，与手部相连接的腕部都具有独立驱动自转的功能，若腕部能朝空间取任意方位，那么与之相连的手部就可在空间取任意姿态，即达到完全灵活。

1. 机器人腕部的移动方式

（1）腕部的活动

机器人一般具有六个自由度才能使手部达到目标位置或处于期望的姿态。为了使手部能处于空间任意方位，要求腕部能实现对空间三个坐标轴 X、Y、Z 的旋转运动——腕部旋转、腕部弯曲、腕部侧摆，或称为三个自由度。

1）腕部旋转。腕部旋转是指腕部绕小臂轴线的转动，又叫做臂转。有些机器人限制其腕部转动角度小于360°。另一些机器人则仅仅受到控制电缆缠绕圈数的限制，腕部可以转几圈。

2）腕部弯曲。腕部弯曲是指腕部的上下摆动，这种运动也称为俯仰，又叫做手转。

3）腕部侧摆。腕部侧摆指机器人腕部的水平摆动，又叫做腕摆。通常机器人的侧摆运动由一个单独的关节提供。

腕部结构多为上述三个回转方式的组合，组合的方式可以有多种形式，常用的腕部组合的方式有臂转、腕摆、手转结构等。

（2）腕部的转动

按腕部转动特点的不同，用于腕部关节的转动又可细分为翻转和弯转两种。

翻转是指组成关节的两个零件自身的几何回转中心和相对运动的回转轴线重合，因而能实现 360°无障碍旋转的关节运动，通常用 R 来标记。

弯转是指两个零件的几何回转中心和其他对转动轴线垂直的关节运动。由于受到结构的限制，其相对转动角度一般小于 360°，通常用 B 来标记。

由此可见，翻转可以实现腕部的旋转，弯转可以实现腕部的弯曲，翻转和弯转的结合就实现了腕部的侧摆。

2. 手腕的分类

手腕的自由度如图 3-27 所示。手腕按自由度数目来分类，可分为单自由度手腕、二自由度手腕和三自由度手腕。

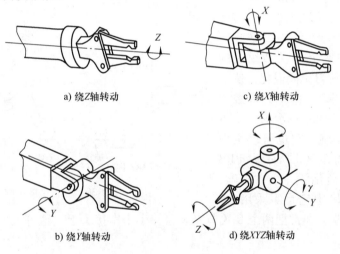

a) 绕Z轴转动　　　　　　　c) 绕X轴转动

b) 绕Y轴转动　　　　　　　d) 绕XYZ轴转动

图 3-27　手腕的自由度

（1）单自由度手腕

如图 3-28a 所示是一种翻转关节（R 关节），它把手臂纵轴线和手腕关节轴线构成共轴线形式，这种 R 关节旋转角度大，可达到 360°以上。图 3-28b 是一种弯转关节（B 关节），关节轴线与前后两个连接件的轴线相垂直。这种 B 关节因为受到结构上的干涉，旋转角度小，大大限制了方向角。

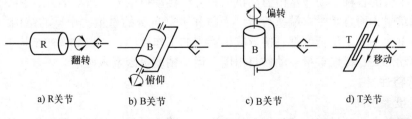

a) R关节　　　　b) B关节　　　　c) B关节　　　　d) T关节

图 3-28　单自由度手腕

（2）二自由度手腕

二自由度手腕可以由一个 R 关节和一个 B 关节组成 BR 手腕，也可以由两个 B 关节组成 BB 手腕，如图 3-29 所示。但是不能由两个 R 关节组成 RR 手腕，因为两个 R 关节共轴线，所以退化了一个自由度，实际只构成了单自由度手腕。

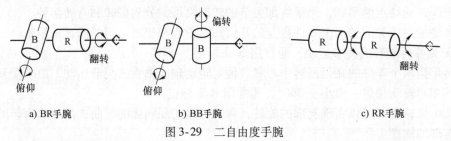

a) BR手腕　　　　　　　　b) BB手腕　　　　　　　　c) RR手腕

图 3-29　二自由度手腕

（3）三自由度手腕

三自由度手腕可以由 B 关节和 R 关节组成多种形式。图 3-30a 所示的常见的 BBR 手腕，使手部具有俯仰、偏转和翻转运动，即 RPY 运动。图 3-30b 所示为一个 B 关节和两个 R 关节组成的 BRR 手腕，为了不使自由度退化，使手部获得 RPY 运动，第一个 R 关节必须如图所示偏置。图 3-30c 所示为三个 R 关节组成的 RRR 手腕，它也可以实现手部 RPY 运动。图 3-30d 所示为 BBB 手腕，很明显它已退化了一个自由度，只有 PY 运动，实际上它是不采用的。

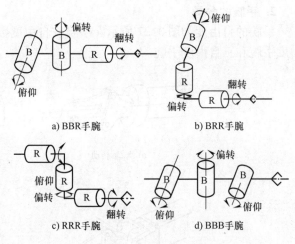

a) BBR手腕　　　　　　　　b) BRR手腕

c) RRR手腕　　　　　　　　d) BBB手腕

图 3-30　三自由度手腕

为了使手腕结构紧凑，通常把两个 B 关节安装在一个十字接头上，这可大大减小 BBR 手腕的纵向尺寸。

3. 手腕的典型结构

手腕除应满足启动和传送过程中所需的输出力矩外，还要求结构简单、紧凑轻巧、避免干涉、传动灵活，多数情况下，要求将腕部结构的驱动部分安装在小臂上，使外形整齐，也可以设法使几个电动机的运动传递到同轴旋转的心轴和多层套筒上去，运动传入腕部后再分别实现各个动作。

3.2.3　机器人的臂部机构

机器人手臂的各种运动通常由驱动机构和各种传动机构来实现。因此，它不仅仅承受被抓取工件的重量，而且承受末端执行器、手腕和手臂自身的重量。手臂的结构、工作范围、灵活性、抓重大小和定位精度都直接影响机器人的工作性能，所以臂部的结构形式必须根据机器人的运动形式、抓取重量、动作自由度、运动精度等因素来确定。

1. 手臂特性

（1）刚度要求高

为防止臂部在运动过程中产生过大的变形，手臂的断面形状要合理选择。工字形断面的弯曲刚度一般比圆断面的大；空心管的弯曲刚度和扭转刚度都比实心轴的大得多，所以常用钢管做臂杆及导向杆，用工字钢和槽钢做支承板。

（2）导向性要好

为防止手臂在直线运动中沿运动轴线发生相对转动，需设置导向装置，或设计方形、花键等形式的臂杆。

（3）重量要轻

为提高机器人的运动精度，要尽量减小臂部运动部分的重量，以减小整个手臂对回转轴的转动惯量。

（4）运动要平稳、定位精度要高

由于臂部运动速度越高，惯性力引起的定位前的冲击也就越大，运动既不平稳，定位精度也不高，因此，除了臂部设计上要力求结构紧凑，重量轻外，同时要采用一定形式的缓冲措施。

2. 机器人手臂的运动与组成

（1）手臂的运动

一般来讲，为了让机器人的手爪或末端执行器可以达到任务目标，手臂至少要能够完成三个运动：垂直移动、径向移动、回转运动。

1）垂直移动。垂直移动是指机器人手臂的上下运动。这种运动通常采用液压缸机构或其他垂直升降机构来完成，也可以通过调整整个机器人机身在垂直方向上的安装位置来实现。

2）径向移动。径向移动是指手臂的伸缩运动。机器人手臂的伸缩使其手臂的工作长度发生变化。在圆柱坐标式结构中，手臂的最大工作长度决定其末端所能达到的圆柱表面直径。

3）回转运动。回转运动是指机器人沿铅垂轴的转动。这种运动决定了机器人的手臂所能到达的角度位置。

（2）手臂的组成

机器人的手臂主要包括臂杆以及与其伸缩、屈伸或自转等运动有关的构件，如传动机构、驱动装置、导向定位装置、支承连接和位置检测元件等。此外还有与腕部或手臂的运动和连接支承等有关的构件、配管配线等。

根据臂部的运动和布局、驱动方式、传动和导向装置的不同，可分为伸缩型臂部结构、转动伸缩型臂部结构、屈伸型臂部结构和其他专用的机械传动臂部结构。伸缩型臂部结构可由液压缸驱动或由直线电动机驱动；转动伸缩型臂部结构除了臂部做伸缩运动，还绕自身轴线运动，以便使手部旋转。

3. 机器人臂部的配置

机身和臂部的配置形式基本上反映了机器人的总体布局。由于机器人的运动要求、工作对象、作业环境和场地等因素的不同，出现了各种不同的配置形式。目前常用的有横梁式、立柱式、机座式、屈伸式四种。

4. 机器人手臂机构

机器人的手臂由大臂、小臂或多臂组成。手臂的驱动方式主要有液压驱动、气动驱动和电动驱动几种形式，其中电动驱动形式最为常用。

（1）臂部伸缩机构

当行程小时，采用气缸直接驱动；当行程较大时，可采用气缸驱动齿条传动的倍增机构或步进电动机及伺服电动机驱动，也可用丝杠螺母或滚珠丝杠传动。为了增加手臂的刚性，防止手臂在伸缩运动时绕轴线转动或产生变形，臂部伸缩机构需设置导向装置，或设计方形、方键等形式的臂杆。

常用的导向装置有单导向杆和双导向杆等，可根据手臂的结构、抓重等因素选取。

（2）臂部俯仰机构

臂部俯仰通常采用活塞缸驱动，铰接活塞缸实现手臂俯仰运动的结构示意图如图 3-31 所示。

5. 机器人手臂的分类

手臂是机器人执行机构中重要的部件，它的作用是支承腕部和手部，并将被抓取的工件运送到给定的位置上。机器人的臂部主要包括臂杆以及与其运动有关的构件，包括传动机构，驱动装置、导向定位装置、支承连接和位置检测元件等。此外，还有与腕部或手臂的运动和连接支承等有关的构件，其结构形式如图 3-32 所示。

一般机器人手臂有三个自由度，即手臂的伸缩、左右回转和升降（或俯仰）运动。手臂回转和升降运动是通过机座的立柱实现的，立柱的横向移动即为手臂的横移。手臂的各种运动通常由驱动机构和各种传动机构来实现，因此它不仅仅承受被抓取工件的重量，而且承受末端执行器、手腕和手臂自身的重量。

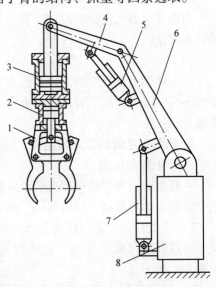

图 3-31　铰接活塞缸实现手臂俯仰
运动的结构示意图

1—手臂　2—夹置缸　3—升降缸　4—小臂
5、7—铰接活塞缸　6—大臂　8—立柱

手臂的结构、工作范围、灵活性以及抓重大小（即臂力）和定位精度都直接影响机器人的工作性能，所以必须根据机器人的抓取重量、运动形式、自由度数、运动速度以及定位精度的要求来设计手臂的结构形式。为实现机器人的末端执行器在空间的位置而提供的三个自由度，可以有不同的运动组合，通常可以将其设计成如下五种形式。

（1）圆柱坐标型

这种运动形式是通过一个转动两个移动，共三个自由度组成的运动系统，工作空间为圆柱形，它与直角坐标型比较，在相同的空间条件下，机体所占体积小，而运动范围大。

（2）直角坐标型

直角坐标型机器人，其运动部分由三个相互垂直的直线移动组成，其工作空间为长方体，它在各个轴向的移动距离可在坐标轴上直接读出，直观性强，易于位置和姿态的编程计算，定位精度高，结构简单，但机体所占空间大，灵活性较差。

（3）球坐标型

球坐标型又称极坐标型，它由两个转动和一个直线移动组成，即一个回转，一个俯仰和一个伸缩，其工作空间图形为一球体，它可以做上下俯仰动作并能够抓取地面上的东西或较低位置的工件，具有结构紧凑、工作范围大的特点，但是结构比较复杂。

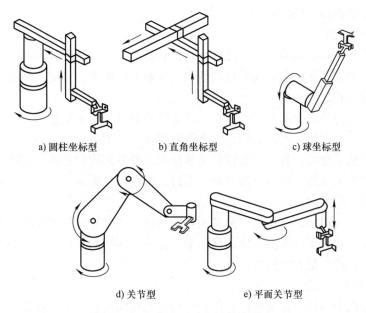

a) 圆柱坐标型　　　　b) 直角坐标型　　　　c) 球坐标型

d) 关节型　　　　　　e) 平面关节型

图 3-32　机器人手臂机械结构形式

（4）关节型

关节型又称回转坐标型，这种机器人的手臂与人体上肢类似，其前三个自由度都是回转关节，这种机器人一般由回转和大小臂组成，立柱与大臂间形成肘关节，可使大臂作回转运动和使大臂做俯仰运动，小臂做俯仰摆动，其特点是工作空间范围大，动作灵活，通用性强，能抓取靠近机座的工件。

（5）平面关节型

平面关节型采用两个回转关节和一个移动关节，两个回转关节控制前后、左右运动，而移动关节控制上下运动，其工作空间的轨迹图形如图所示，它的纵截面为一矩形的回转体，纵截面高为移动关节的行程长，两回转关节的转角的大小决定了回转体截面的大小、形状。这种机器人在水平方向上有柔顺度，在垂直方向上有较大的刚度，它结构简单，动作灵活，多用于装配作业中，特别适合中小规格零件的插接装配，如在电子工业的接插、装配中的应用。

3.2.4　机器人的行走机构

行走机构是行走机器人的重要执行部件，它由驱动装置、传动装置、传动机构、位置检测元件、传感器、电缆及管路等组成。它一方面支承机器人的机身、臂部和手部，另一方面还根据工作任务的要求，带动机器人实现在更广阔的空间内的运动。

行走机构按其行走移动可分为固定轨迹式和无固定轨迹式。固定轨迹式行走机构主要用于工业机器人。无固定轨迹式行走机构按其特点可分为车轮式、履带式和步行式行走机构。在行走过程中，前两种行走机构与地面连续接触，其形态为运行车式，应用较多，一般用于野外、较大型作业场合，也比较成熟；后一种与地面为间断接触，为动物的腿脚式，该类机构正在发展和完善中。

以下分别介绍各行走机构的特点。

（1）车轮式行走机构

车轮式行走机构具有移动平稳、能耗小以及容易控制移动速度和方向等优点，因此得到了普遍的应用，但这些优点只有在平坦的地面上才能发挥出来。目前应用的车轮式行走机构主要为三轮式或四轮式。

三轮式行走机构具有最基本的稳定性，其主要问题是如何实现移动方向的控制。典型车轮的配置方法是一个前轮、两个后轮，前轮作为操纵舵，用来改变方向，后轮用来驱动；另一种是用后两轮独立驱动，另一个轮仅起支承作用，并靠两轮的转速差或转向来改变移动方向，从而实现整体灵活的、小范围的移动。不过，要做较长距离的直线移动时，两驱动轮的直径差会影响前进的方向。

在四轮式行走机构中，自位轮可沿其回转轴回转，直至转到要求的方向上为止，这期间驱动轮产生滑动，因而很难求出正确的移动量。另外，用转向机构改变运动方向时，在静止状态下行走机构会产生很大的阻力。

（2）履带式行走机构

履带式行走机构的特点很突出，采用该类行走机构的机器人可以在凸凹不平的地面上行走，也可以跨越障碍物、爬不太高的台阶等。一般类似于坦克的履带式机器人，由于没有自位轮和转向机构，要转弯时只能靠左、右两个履带的速度差，所以不仅在横向，而且在前进方向上也会产生滑动，转弯阻力大，不能准确地确定回转半径。

图 3-33a 所示是主体前、后装有转向器的履带式机器人，它没有上述的缺点，可以上、下台阶。它具有提起机构，该机构可以使转向器绕着图中的 $A - A$ 轴旋转，这使得机器人上、下台阶非常顺利，能实现诸如用折叠方式向高处伸臂、在斜面上保持主体水平等。

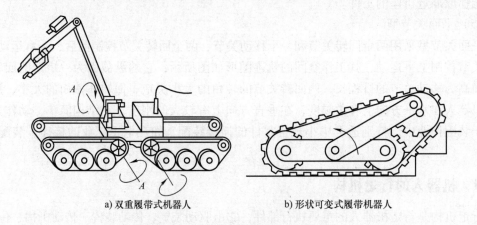

a) 双重履带式机器人   b) 形状可变式履带式机器人

图 3-33　容易上、下阶梯的履带式机器人

图 3-33b 所示机器人的履带形状可为适应台阶形状而改变，也比一般履带式机器人的动作更为自如。

（3）步行式行走机构

类似于动物那样，利用脚部关节机构、用步行方式实现移动的机构，称为步行式行走机构，简称步行机构。采用步行机构的步行机器人，能够在凸凹不平的地上行走、跨越沟壑，还可以上、下台阶，因而具有广泛的适应性。但控制上有相当的难度，完全实现上述要求的实际例子很少。步行机构有两足、三足、四足、六足、八足等形式，其中两足步行机构具有最好的适应性，也最接近人类，故又称为类人双足行走机构，如图3-34所示。

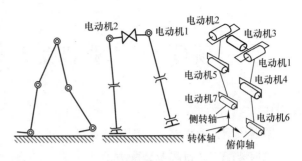

图 3-34　类人双足行走机构原理图

（4）其他行走机构

为了达到特殊的目的，人们还研制了各种各样的移动机器人行走机构。图3-35所示为爬壁机器人的行走机构示意图。图3-35a所示为吸盘式行走机构，其用吸盘交互地吸附在壁面上来移动。图3-35b所示机构的滚子是磁铁，当然壁面是磁性体才适用。图3-36所示是车轮和脚并用的机器人，脚端装有球形转动体。除了普通行走之外，该机器人还可以在管内把脚向上方伸，用管断面上的三个点支承来移动，也可以骑在管子上沿轴向或圆周方向移动。其他行走机构还有次摆线机构推进移动车，用辐条突出的三轮车登台阶的轮椅机构，用压电晶体、形状记忆合金驱动的移动机构等。

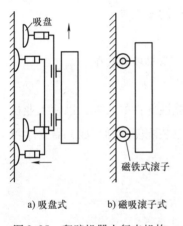

a) 吸盘式　　b) 磁吸滚子式

图 3-35　爬壁机器人行走机构

图 3-36　车轮和脚并用的机器人

思考与练习

1. 机器人的机构简图有哪几种？分别如何表示？
2. 机器人的机械系统是由哪几个部分组成的？
3. 工业机器人臂部的作用是什么？是由哪些部分组成的？
4. 常见的工业机器人手部如何分类？
5. 机器人的行走机构由哪几个部分组成？
6. 机器人手部的特点有哪些？

项目 4   工业机器人本体的安装调试

知识点

掌握典型工业机器人装配中的部件装配。

掌握装配工艺过程及装配方法。

技能点

能完成典型的六轴工业机器人本体总装。

任务 4.1   工业机器人机械装配

学习任务描述

学习和了解相关典型零部件的装配知识，会使用常用的安装调试工具。

掌握机械功能性部件的结构和用途。

熟悉装配连接时的注意事项，掌握六轴工业机器人的装配注意事项和装配。

学习任务实施

工业机器人除了本体装配，由于功能的扩展会涉及许多功能性部件的装配，以使工业机器人能满足生产和工作的需求。因此，为使后续的工业机器人总装配能顺利完成，需要学习相关装配知识。

4.1.1   机器人安装调试常用工具

1. 机器人安装调试必备工具

如图 4-1 所示为梅花 L 形套装扳手。

图 4-1   梅花 L 形套装扳手

2. 机器人安装调试常用工具（表4-1）

表4-1　机器人安装调试常用工具

名称		外观图	说明
螺钉旋具		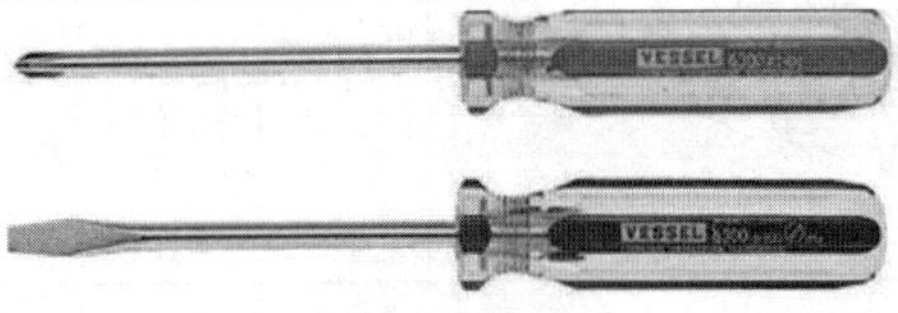	按照不同的头型可分为一字、十字、米字、星字、六角头等；又根据操作形式不同，可分为自动、电动和气动等形式。主要作用是用来旋转一字、十字等槽型的螺钉、木螺钉和自攻螺钉等
扳手	活扳手		主要用来紧固和起松不同规格的螺母和螺栓
	开口扳手		分为双头开口扳手和单头开口扳手，其中转动一端方向只能是拧紧螺栓，而另一端方向只能是拧松螺栓
	梅花扳手	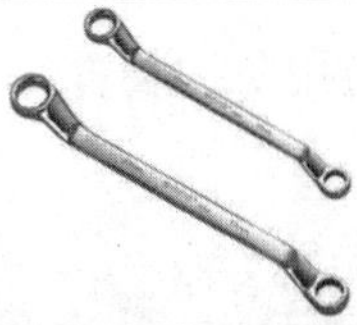	两端呈花环状，其内孔是两个正六边形，相互同心错开30°；主要用在补充拧紧和便于拆卸装配在凹陷空间的螺栓和螺母，并可以为手指提供操作间隙，防止擦伤，可使用其对螺栓或螺母施加大扭矩
	套筒扳手	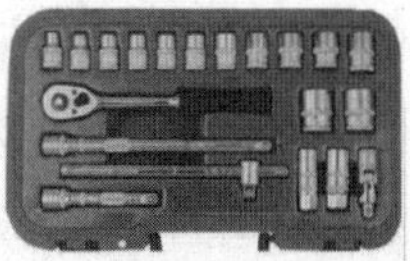	由多个带六角孔或十二角孔的套筒组成，并配有手柄、接杆灯多种附件
	扭力扳手		一种带有扭矩测量机构的拧紧工具。主要是在紧固螺栓和螺母等螺纹紧固件时，需要控制施加的力矩大小，以保证不因力矩过大破坏螺纹
	内六角扳手	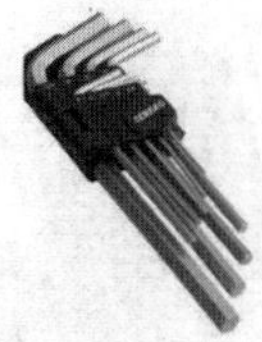	主要用于有六角插口螺钉的工具，通过转矩施加对螺钉的作用力；该扳手成L形，一端是球头，一端是方头，球头部可斜插入工件的六角孔
钳子		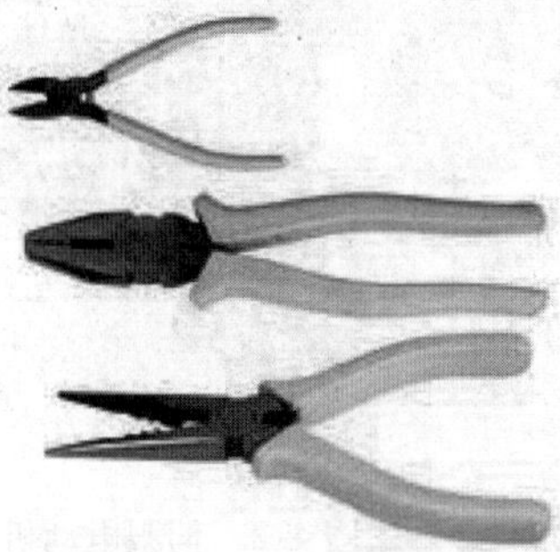	钳子的手柄依据持形式而设计成直柄、弯柄和弓柄3种样式。钳子使用时常与电线之类的带电导体接触，故其手柄上一般都套有聚氯乙烯等绝缘材料制成的护管，以确保操作者的安全

（续）

名称	外观图	说明
轴承拆卸器		拆装轴上的滚动轴承、带轮式联轴器等零件，常用的拆卸工具

3. 常用工具的使用方法及注意事项

（1）一般要求

1）使用工具的人员必须熟知工具的性能、特点、使用方法、保管方法、维修及保养方法。

2）各种常用工具必须是正式厂家生产的合格产品。

3）工作前必须对工具进行检查，严禁使用腐蚀、变形、松动、有故障、破损等不合格工具。

4）电动或风动工具不得在超速状态下使用。停止工作时，禁止把机件、工具放在机器或设备上。

5）带有尖锐牙口、刃口的工具及转动部分应用防护装置。

6）使用特殊工具时，应用相应安全措施。

7）小型工具应放在工具袋中妥善保管。

8）各类工具使用过后应及时擦拭干净。

（2）注意事项

1）使用扳手紧固螺钉时，应注意用力，当心扳手滑脱螺钉伤手，尤其使用活扳手时。

2）使用螺钉旋具紧固或拆卸接线时，必须确认端子没电后才能紧固或拆卸。

3）使用剥皮钳剥线时，应该经常检查剥皮钳的钳口是否调节太紧，防止将电线损伤。

4）使用锤子时，应该先检查锤头与锤把固定是否牢靠，防止使用时，锤头坠落伤人。

4.1.2 伺服电动机的装配

1. 伺服电动机及作用

伺服电动机是指在伺服系统中控制机械元件运转的电动机，它是一种辅助电动机间接变速装置，可以将电压信号转化为转矩和转速以驱动控制对象，电动机转子转速受输入信号控制，不仅反应速度快，而且可使控制的速度和位置精度非常准确。伺服电动机一般应用在数控车床、工业机器人等自动化程度较高的设备中，伺服电动机外观如图 4-2 所示。

图 4-2 伺服电动机外观图

2. 伺服电动机在工业机器人中的应用

在工业机器人中，伺服电动机主要用于驱动机器人关节运动，其运动方式主要有两种。

一是通过电动机轴直接带动减速器工作，此时，电动机轴的旋转中心与机器人关节的旋转中心同轴，如图 4-3 所示的 J1～J4。J1 电动机轴的旋转中心与机器人腰部旋转座的旋转中心同轴，J2 电动机轴的旋转中心与大臂的旋转中心同轴，J3 电动机轴的旋转中心与前臂旋转壳体的旋转中心同轴，J4 电动机轴的旋转中心与前臂的旋转中心同轴。

二是通过带传动等其他形式间接带动减速器工作。此时，因功能结构设计等原因，机器人关节的旋转中心与电动机轴不同轴，需要通过其他传动形式将运动传递到关节。图 4-3 所示机器人的 J5 轴和 J6 轴，其中 J5 轴通过带传动控制手腕壳体的旋转，J6 轴通过带传动和一对伞齿轮传动控制终端法兰的旋转。

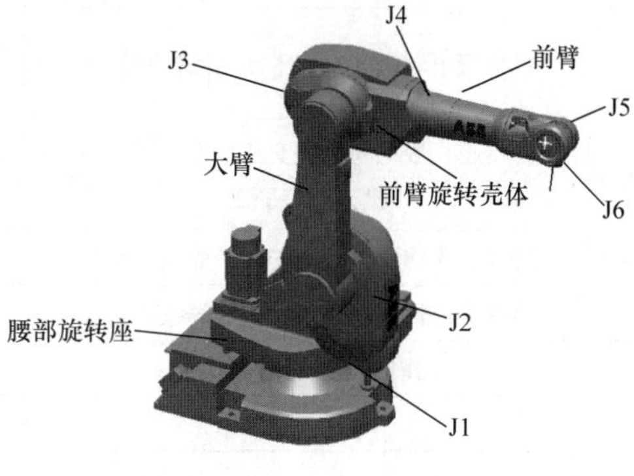

3. 伺服电动机的装配技术要求及注意事项

（1）装配技术要求

1）电动机的旋转方向应符合要求，声音正常。

2）电动机的振动应符合规范要求。

3）电动机不应有过热现象。

图 4-3　电动机轴旋转中心与机器人关节旋转中心

（2）装配注意事项

1）请勿在有腐蚀性气体、易潮、易燃、易爆的环境中使用伺服电动机，以免引发火灾。

2）请勿损伤电缆或对其施加过度压力、放置重物和挤压，否则可能导致触电，损坏电动机。

3）不要将手放入驱动器内部，以免灼伤手和导致触电。

4）不要在伺服电动机运行过程中，用手去触摸电动机旋转部位，以免烫伤手。

5）切断电源，确认无触电危险之后，方可进行电动机的移动、配线、检查等操作，以免检查人员触电。

6）请将电动机固定，并在切割机械系统的状态下进行试运转的动作确认，之后再进行连接机械系统，以免人员受伤。

4. 伺服电动机的安装工艺过程及安装方法

（1）作业前

按作业要求准备伺服电动机装配用的物料及工具。物料和工具需按作业要求的位置放置，防止混料、错用。

所需物料和工具：内六角圆柱头螺钉、螺纹防松胶和密封胶、内六角扳手、周转箱、清洁抹布、密封圈。

（2）作业中

按作业要求检查工业文件是否完整（装配工艺卡、作业方案和作业计划）。

伺服电动机装配流程见表 4-2。

表 4-2 伺服电动机装配流程

序号	装配内容	装配要求	工具或物料
1	去锐边、检查螺栓孔和密封槽等	无隆起、毛边或异物啃入	油石
2	清洁安装平面	各安装平面不能有异物、油喷	油石、清洁抹布
3	将电动机密封圈装入机架安装平面上的密封圈槽内	密封圈完全嵌入密封圈槽内，且不能扭曲	密封圈
4	在伺服电动机的安装平面上涂抹密封胶	均匀涂抹	密封胶
5	将伺服电动机的安装平面贴紧机架安装平面	安装平面要贴紧，中间要对齐，螺纹孔要对齐	略
6	拧入一半螺纹时对两安装平面进行预紧	拧入螺栓时不能发生歪斜	螺栓、内六角扳手、螺纹防松胶
7	给露在外面的半截螺栓添加螺纹防松胶	螺纹防松胶要加够	
8	用内六角扳手拧紧螺栓	拧紧力要合适，不能用力扳	
9	检验	按技术要求，灵活转动无阻滞	

注意：

1）在安装/拆卸耦合部件到伺服电动机轴端时，不要用锤子直接敲打轴端，否则伺服电动机轴另一端的编码器会被破坏。

2）对齐轴端到最佳状态，否则将会导致振动或损坏轴承。

3）安装密封圈时，严禁强力拉扯及划伤密封圈。

（3）作业后

按要求进行物品检查，整理工具，清理作业场地。

注意：

1）按要求检查装配位置是否正确，装配情况是否牢固。

2）检查安装平面四周有无密封胶溢出，检查螺栓部位有无螺纹防松胶溢出，若有要清理干净。

4.1.3 谐波减速器的装配

谐波减速器是应用于机器人领域的两种主要减速器之一，在关节型机器人中，谐波减速器通常放置在小臂、腕部或手部。

1. 谐波减速器的特点和应用

谐波齿轮传动减速器是利用行星齿轮传动原理发展起来的一种新型减速器。谐波传动减速器，是一种在波发生器上装配柔性轴承，使柔性齿轮产生可控弹性变形，并与刚性齿轮相啮合来传递运动和动力的齿轮传动。谐波减速器的外观如图 4-4 所示。

谐波减速器的优点主要有：

1）传动速比大。单级谐波齿轮传动速比为 70～320，在某些装置中可达到 1000，多级传动速比可达 30000 以上。它不仅可用于减速，也可用于增速的场合。

2）承载能力高。这是因为谐波齿轮传动中同时啮合的齿数多，双波传动同时啮合的齿数可达总齿数的 30% 以上，而且柔轮采用了高强度材料，齿与齿之间是面接触。

3）传动精度高。这是因为谐波齿轮传动中同时啮合的齿数多，误差平均化，即多齿啮合对误差有相互补偿作用，故传动精度高。在齿轮精度等级相同的情况下，传动误差只有普通圆柱齿轮传动的1/4左右。同时可采用微量改变波发生器的半径来增加柔轮的变形使齿隙很小，甚至能做到无侧隙啮合，故谐波齿轮减速机传动空程小，适用于反向传动。

4）传动效率高、运动平稳。由于柔轮轮齿在传动过程中做均匀的径向移动，因此，即使输入速度很高，轮齿的相对滑移速度仍是极低（为普通渐开线齿轮传动的百分

图4-4 谐波减速器外观

之一），所以，轮齿磨损小，效率高（可达69%～96%）。又由于啮入和啮出时，齿轮的两侧都参加工作，因而无冲击现象，运动平稳。

5）结构简单、零件数少、安装方便。谐波减速器仅有三个基本构件，且输入与输出轴同轴线，所以结构简单，安装方便。

6）体积小、重量轻。与一般减速器比较，输出力矩相同时，谐波齿轮减速器的体积可减小2/3，重量可减轻1/2。

7）可向密闭空间传递运动。利用柔轮的柔性特点，齿轮传动的这一可贵优点是现有其他传动无法比拟的。

我国的谐波减速器于二十世纪六七十年代才开始研制，现已有不少厂家专门生产，并形成系列化。广泛应用于电子、航天航空、机器人等行业，由于它的独特优点，在化工行业的应用也逐渐增多。

2. 谐波减速器的结构和原理

如图4-5、图4-6所示是工业机器人中安装的谐波减速器，它主要由三个基本构件组成：

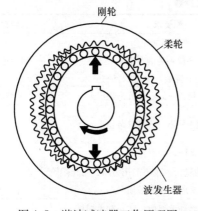

图4-5 谐波减速器工作原理图

图4-6 谐波减速器

1）带有内齿圈的刚性齿轮（刚轮），它相当于行星系中的中心轮。

2）带有外齿圈的柔性齿轮（柔轮），它相当于行星齿轮。

3）波发生器 H，它相当于行星架。

三个构件中可任意固定一个，其余两个一个为主动，一个为从动，可实现减速或增速，也可变成两个输入、一个输出，组成差动传动。作为减速器使用，通常采用波发生器主动、刚轮固定、柔轮输出形式，如图 4-6 所示。

谐波减速器是利用谐波齿轮传动的原理，与少齿差行星齿轮传动相似，依靠柔性轮产生的可控变形波引起齿间的相对错齿来传递动力和运动的。主要工作原理是：波发生器是一个杆状部件，是使柔轮产生可控弹性变形的构件，其两端装有滚动轴承构成滚轮，与柔轮的内壁相互压紧。而柔轮为可产生较大弹性变形的薄壁齿轮，其内孔直径略小于波发生器的总长。当波发生器装入柔轮后，迫使柔轮的剖面由原先的圆形变成椭圆形，其长轴两端附近的齿与刚轮的齿完全啮合，而短轴两端附近的齿则与刚轮完全脱开。周长上其他区段的齿处于啮合和脱离的过渡状态。当波发生器沿图示方向连续转动时，柔轮的变形不断改变，使柔轮与刚轮的啮合状态也不断改变，由啮入、啮合、啮出、脱开、再啮入……，周而复始地进行，从而实现柔轮相对刚轮沿波发生器 H 相反方向的缓慢旋转。工作时，固定刚轮，由电动机带动波发生器转动，柔轮作为从动轮，输出转动，带动负载运动。在传动过程中，波发生器转一周，柔轮上某点变形的循环次数称为波数，以 n 表示。常用的是双波和三波两种。双波传动的柔轮应力较小，结构比较简单，易于获得大的传动比。故双波为目前应用最广的一种。

3. 谐波减速器的安装工艺过程及安装方法

（1）作业前

安装谐波减速器的物料及工具清单包括内六角圆柱头螺钉、螺纹防松胶和密封胶、内六角扳手、气动扳手、润滑油、周转箱、清洁抹布。

将物料和工具按作业要求的位置放置，防止混料、错用。

（2）作业中

按作业要求检查工艺文件是否完整，装配工艺卡、作业方案和作业计划。

1）谐波减速器组件的装配。装配步骤见表 4-3。

表 4-3　谐波减速器装配步骤

序号	装配内容	装配要求	工具或物料
1	检查各构件是否完好	各安装平面不能歪斜； 各啮合部位不能有异物； 螺栓孔部位不能有隆起、毛边或异物啮入	清洁抹布
2	在刚轮额轮齿上润滑油防锈	均匀涂抹，润滑充分，不得有杂物混入	润滑油
3	在柔轮的轮齿和相应部位涂上润滑油防锈	均匀涂抹，润滑充分，不得有杂物混入	
4	在波发生器上图上润滑油防锈	均匀涂抹，润滑充分	
5	先将柔轮和刚轮组合	不得敲击柔轮开口部的轮齿，也不能用力压，防止柔轮轮齿变形或齿面磨损	
6	再将波发生器装入柔轮轮齿内侧	不能敲击波发生器轴承部位，防止轴承损坏	
7	检验	符合技术要求，灵活转动无阻滞	

2）谐波减速器组件与机器人关节的装配。

以新松六轴机器人 J4 轴谐波减速器的装配为例，介绍谐波减速器组件与机器人关节的装配流程（见表4-4）。

表4-4 谐波减速器组件与机器人关节装配步骤

序号	装配内容	装配要求	工具或物料
1	检查螺纹孔	无隆起、毛边或异物啮入	
2	清洁安装平面	各安装平面不能有异物、油喷等	清洁抹布
3	给谐波减速器添加润滑油进行润滑	润滑充分	润滑油
4	在刚轮一侧安装面上均匀涂抹密封胶	均匀涂抹，注意不要让密封胶蔓延到轮齿啮合部位	密封胶
5	将谐波减速器装到安装端面上	刚轮与安装平面要贴紧，中间不留空隙，对正所有联接螺纹孔	
6	给联接螺栓涂上螺纹防松胶，然后经预紧、防松后拧紧螺栓	不要一次性拧紧螺栓，要先预紧，再拧紧，拧紧螺栓时按对角线顺序依次拧紧	螺栓、加长内六角扳手、螺纹防松胶
7	检验	符合技术要求，灵活转动无阻滞	

（3）作业后

按要求进行物品检查，整理工具，清理作业场地。

4.1.4 RV 减速器的装配

RV 减速器是应用于机器人领域的两种主要减速器之一。由于 RV 减速器具有更高的刚度和运转精度，在关节型机器人中一般将 RV 减速器放置在机座上、大臂和肩部等负载重的位置。

1. RV 减速器的特点和应用

RV 传动是新兴起的一种传动，它是在传统针摆行星传动的基础上发展出来的，不仅克服了一般针摆传动的缺点，而且因为具有体积小、重量轻、传动比范围大、寿命长、精度稳定、效率高、传动平稳等一系列优点，日益受到国内外的广泛关注。RV 减速器是由摆线针轮和行星支架等组成，以其体积小、抗冲击力强、扭矩大、定位精度高、振动小、减速比大等诸多优点被广泛应用于工业机器人、机床、医疗设备检测、卫星接收等领域。

2. RV 减速器的结构和原理

RV 减速器是在摆线针轮行星传动的基础上发展而来的一种新型减速器。RV 减速器内部的主要零件如图 4-7 所示。

RV 减速器是由第一级渐开线齿轮行星传动机构与第二级摆线针轮行星传动机构两部分组成的封闭的差动轮系，其传动原理如图 4-8 所示。第一级传动包括相互啮合的输入齿轮 1 和两个渐开线行星轮 2，行星轮 2 固定安装在两相互平行的曲轴 3

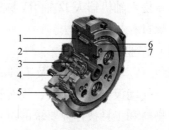

图 4-7 RV 减速器内部的主要零部件

1—输入齿轮 2—行星轮 3—曲轴 4—摆线轮
5—针齿轮 6—针齿轮壳 7—输出法兰

上；第二级摆线传动中曲轴3与行星轮固连在一起，摆线轮4安装在与曲轴3相位相差180°的两个偏心轴凸轮上，运转时行星轮2通过曲轴3带动摆线轮4做偏心平面运动，与针齿轮5形成少齿差啮合。

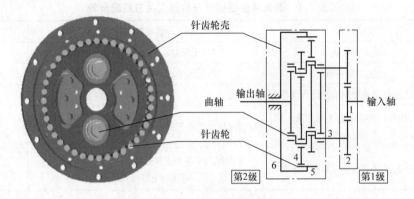

图 4-8　RV 减速器传动原理图

1—输入齿轮　2—行星轮　3—曲轴　4—摆线轮　5—针齿轮　6—针齿轮壳

3. RV 减速器的装配技术要求及注意事项

（1）RV 减速器的装配技术要求

1）安装时请不要对减速器的输出部件、箱体施加压力，连接时请满足机器与减速器之间的同轴度，以及与垂直度的相应要求。

2）减速机初始运行至400小时应重新更换润滑油，其后的换油周期约为4000小时。

3）箱体内应该保留足够的润滑油量，并定时检查，当发现油量减少或油质变坏时应及时补足或更换润滑油，应注意保持减速机外观洁净，及时清除灰尘、污物以利于散热。

（2）RV 减速器的装配注意事项

1）向减速器内添加润滑油时，应使润滑油占全部体积的10%左右，保证润滑充分。

2）注意保持减速器外观清洁，及时清除灰尘、污物以利于散热。

3）装配时，严禁用强力敲打 RV 减速器，避免损坏减速器。

4）涂抹密封胶时，量不能太多，以免密封胶流入减速器内部；量也不能太少，否则会造成密封不良。

4. RV 减速器的安装工艺过程及安装方法

以新松六轴机器人 J2 轴 RV 减速器与关节的装配为例，介绍 RV 减速器组件与机器人关节的装配过程与装配方法。

（1）作业前

安装 RV 减速器的物料及工具清单包括内六角圆柱头螺钉、螺纹防松胶和密封胶、内六角扳手、气动扳手、润滑油、周转箱、清洁抹布。

将物料和工具按作业要求的位置放置，防止混料、错用。

（2）作业中

按作业要求检查工艺文件是否完整，装配工艺卡、作业方案和作业计划。

RV 减速器组件与机器人关节的装配步骤见表 4-5。

表 4-5　RV 减速器组件与机器人关节装配步骤

序号	装配内容	装配要求	工具或物料
1	检查螺纹孔	无隆起、毛边或异物啮入	
2	清洁安装平面	各安装平面不能有异物,油喷等	清洁抹布
3	给 RV 减速器添加润滑油进行润滑	润滑充分	润滑油
4	在 RV 减速器输入轴侧安装面上均匀涂抹密封胶	均匀涂抹,注意不要让密封胶溢到轴孔中	密封胶
5	将 RV 减速器装到机体空座中	安装平面要贴紧,中间不留空隙,对正所有联接螺纹孔	
6	给联接螺栓涂上螺纹防松胶,然后经预紧、防松后拧紧螺栓	不要一次性拧紧螺栓,要先预紧,再拧紧,拧紧螺栓时按对角线顺序依次拧紧	螺栓、加长内六角扳手、螺纹防松胶
7	检验	符合技术要求,灵活转动无阻滞	

注意:

装配 RV 减速器时,严禁用强力敲打,避免损坏 RV 减速器。

RV 减速器应注意润滑和密封。

(3)作业后

按要求进行物品的检查,整理工具,清理作业场地。

4.1.5　六轴机器人的机械装配

1. 六轴工业机器人简介

一个机器人的自由程度,通常是指机器人的可动关节的数量。六轴工业机器人的机械结构中将由六个伺服电动机直接通过谐波减速器驱动或通过同步带轮等方式间接驱动六个关节轴的旋转。图 4-9 所示为国产新松 SR6/SR10 系列六轴机器人的六个关节轴旋转示意图。

六轴机器人通过程序精确控制六个关节机械传动实现各种复杂运动,广泛应用在各行各业的自动化领域,可以实现产品的自动取料和放料、高速搬运、精密装配、精确定位、快速点胶及浮动打磨等。其特点是柔性好、工作效率高、工作精度高、出错概率小,可以灵活地适应某些特殊工作环境。

2. 典型六轴工业机器人的结构与传动

以新松 SR6/SR10 系列六轴机器人为例,六轴机器人通常由底座、腰部旋转座、大臂、前臂旋转壳体、前臂及手腕等组成,如图 4-9 所示。

典型六轴工业机器人的运动介绍如下:

J1 轴电动机固定在腰部旋转座内,其旋转通过齿轮轴直接传送到减速器输入端,J1 轴的减速器输入端固定到底座上,输出端固定在 J2 轴腰部旋转座上,驱动 J1 轴旋转。

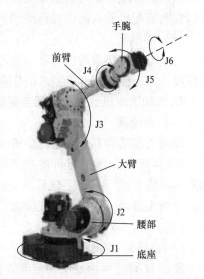

图 4-9　国产新松 SR6/SR10 系列六轴工业机器人的六个关节轴旋转示意图

J2 轴电动机的旋转通过齿轮轴直接传送到减速器输入端，J2 轴的减速器输入端固定到腰部旋转座上，输出端固定在 J2 轴大臂上，驱动大臂旋转。

J3 轴电动机的旋转通过齿轮轴直接传送到减速器输入端，J3 轴的减速器输入端固定在 J2 大臂上，输出端固定在前臂旋转壳体上，驱动前臂旋转壳体旋转。

J4 轴电动机的旋转直接传送到减速器的波发生器部分，J4 轴的减速器输入端固定到前臂旋转壳体上，输出端固定在 J5 轴手腕端面上，用于驱动 J4 轴零部件的转动。

J5 轴电动机固定在前臂管内，并通过同步带传送到减速器输入端，J5 轴的减速器输入端固定到前臂管上，输出端固定在 J5 轴手腕端面上，用于驱动 J5 轴零部件的转动。

J6 轴电动机固定在前臂管内，并通过同步带和伞轮传送到减速器输入端，J6 轴的减速器输入端固定在手腕端面上，输出端固定在法兰上，从而驱动 J6 轴旋转。

3. 六轴工业机器人的安装注意事项

以新松 SR6/SR10 系列六轴机器人为例，介绍其装配与调试方法。装配前的注意事项介绍如下。

（1）限位

即限制运动件位置。常有限位板、限位块、限位栏等装置。

工业机器人的限位有硬限位和软限位之分，此处只介绍工业机器人的机械结构安装，因此不涉及软限位问题，软限位是利用控制系统的数据进行位置限制的方式。工业机器人的硬限位位置是指工业机器人各基本轴运动能达到的带有缓冲器的机械终端位置，理论上工业机器人各轴都不可能达到硬限位位置，而是由软件上的软限位提前起作用，防止机械构件的碰撞，但是工业机器人的硬限位是不可缺少的。

（2）零位

机器人的零位是机器人操作模型的初始位置。当零位不正确时，机器人就不能精确运动。在机械结构中，相邻两轴的运动在特定位置上有零位标志，机器人出厂前就已经确定。机器人经拆装或调整后机械零位标志不等于软件零位标志，需要重新校对，但机械零位标志可以作为装配机器人的位置标准和平时教学示范。

（3）润滑

用润滑油等介质对机械零部件进行润滑能减少零部件的磨损，防止零部件生锈，保证运动精度。为了保证工业机器人的作业精度，在一些关键的部位都设置了注油孔和出油孔。

4. 六轴工业机器人的装配与调试

（1）作业前

根据装配图和零件实物，分析六轴工业机器人的结构和装配技术要求，根据装配要求填报工具物料清单。检查零件的数量级和相关工艺文件是否符合装配要求。物料和工具如下：内六角圆柱头螺钉；十字螺钉旋具；螺纹防松胶密封胶；内卡钳；内六角扳手；简易起重机；六角头螺栓；活扳手；气动扳手；润滑油；周转箱；油枪。

（2）作业中

1）底部 J1 轴装配。

底部 J1 轴主要由底座、腰部旋转座、J1 轴伺服电动机、减振撞块、吊环螺栓和盖板等组成。

底座是工业机器人装配的基础，它上部连接着工业机器人的腰部旋转座，底部用 4 颗六角头螺栓与基体相连，同时它还固定着 J1 轴减速器的输入端。腰部旋转座与减速器的输出端相连，所以腰部旋转座可以绕底座中心旋转，此为 J1 轴的运动。J1 轴电动机固定在腰部旋转座的输入端上，电动机轴的终端连着齿轮轴，与减速器输入齿轮啮合传递运动和动力。吊环螺栓的作用是起吊载荷，应选用符合标准的吊环螺栓。减振撞块的作用是限位，防止 J2 轴大臂与腰部旋转座刚性碰撞。盖板主要起防尘的作用。

2）腰部 J2 轴装配。

腰部 J2 轴主要由腰部旋转座、J2 轴伺服电动机、大臂及 J2 轴 RV 减速器等零部件组成。

腰部旋转座的输出端与减速器输入端相连，大臂输入端与减速器输出端相连，所以大臂可以绕腰部旋转座输出端中心轴旋转，此为 J2 轴的运动。J2 轴电动机固定在腰部旋转座输出端的一侧，电动机轴的终端连着齿轮轴，与减速器输入齿轮啮合传递运动和动力。

3）大臂输出端 J3 轴的装配。

大臂输出端 J3 轴的装配结构主要由大臂、J3 轴伺服电动机、前臂旋转壳体及减振撞块等组成。

大臂输出端与减速器输入端相连，前臂旋转壳体输入端与减速器输出端相连，所以前臂旋转壳体可以绕大臂输出端中心轴旋转，此为 J3 轴运动。J3 轴电动机固定在前臂旋转壳体输入端另一侧，电动机轴的终端连着齿轮轴，与减速器输入齿轮啮合传递运动和动力。减振撞块的作用是限位，防止前臂旋转壳体与大臂刚性碰撞。

4）前臂旋转壳体输出端 J4 轴的装配。

J4 轴主要由 J4 轴伺服电动机、前臂旋转壳体、谐波减速器、转台轴承、柔性固定板和前臂支承座组成。

前臂旋转壳体输出端与减速器的输入端相连，前臂支承座的输入端与减速器的输出端相连，前臂支承座可以绕前臂旋转壳体输出端中心轴旋转，此为 J4 轴运动。转台轴承是一种能够同时承受轴向载荷、径向载荷和倾覆力矩等综合载荷的轴承，它集支承、旋转、传动和固定等功能一身，满足精密工作条件下各类设备的不同安装使用要求，可以增加谐波减速器的刚性。

5）前臂端 J5 轴的装配。

前臂端 J5 轴结构主要由前臂臂架、J5 轴电动机、电动机安装板、带轮、同步带、谐波减速器、手腕壳体和减振撞块等组成。

前臂臂架既是机器人功能构件的延伸，又是 J5、J6 轴装配的基础。前臂臂架的输入端与前臂支承座的输出端相连，J5 轴电动机的运动通过同步带传递到固定在前臂臂架输出端的减速器的输入端，减速器的输出端固定在手腕壳体上，因此，手腕壳体可以绕前臂臂架输出端中心轴旋转，此为 J5 轴的运动。J5 轴电动机通过电动机安装板固定在前臂臂架上，同步带通过带轮压盖和螺栓固定在电动机轴的终端。减振撞块的作用是限位，防止手腕壳体与前臂臂架刚性碰撞。

6）前臂上 J6 轴的装配。

前臂上 J6 轴的结构主要由前臂臂架、J6 轴电动机、电动机固定板、带轮、同步带、谐波减速器、手腕壳体和末端法兰等组成。J6 轴电动机的运动通过同步带传递给固定在前臂臂架输出端另一侧的伞齿轮主动轮构件，再通过伞齿轮传动将运动和动力传递到固定到末端法兰，控制末端法兰的旋转，此为 J6 轴的运动。

（3）作业后

按要求进行物品的检查，整理工具，清理作业场地。

任务 4.2　工业机器人本体安装调试

学习任务描述

掌握机器人机械系统的运输方法。

掌握机器人本体的安装。

学习任务实施

4.2.1　机器人机械系统运输

出厂后的机器人本体需要安装到工作站中合适的位置，安装时一般不直接将本体安装于地面，而是使用机器人底座。机器人底座可自行设计，也可向机器人厂家定制。对于重载机器人可以采用吊运或叉车起重机搬运的方法将机器人安装到底座上。对于轻载机器人，可以直接人工搬运到工作台上。

运输前将机器人置于运输位置。运输时应注意机器人是否稳固放置。只要机器人没有固定，就必须将其保持在运输位置。在移动已经使用的机器人时，将机器人取下前，应确保机器人可以被自由移动。事先应将定位针和螺栓等运输固定件全部拆下，松开锈死或粘接的部位。如果空运机器人，则必须使平衡配重处于完全无压状态。

1. 运输位置

在能够运输机器人前，机器人必须处于运输位置。图 4-10 所示是某型号的工业机器人的装运姿态，这也是推荐的运送姿态。值得注意的是在运输时工业机器人的运输尺寸要比实际尺寸略大一些。

2. 运输方式

机器人可用叉车或者运输吊具运输，使用不合适的运输工具可能会损坏机器人或导致人员受伤，因此只能使用符合规定的具有足够负载能力的运输工具。

（1）用叉车运输

有的工业机器人底座中浇铸了两个叉孔，可用叉车进行运输，如图 4-11 所示。叉车的负载能力必须大于 6t，而有的工业机器人采用叉举设备组与机器人的配合，用联接螺钉联接机器人与叉举套。叉车搬运时直接将货叉插入叉举套即可。用叉车运输时应避免可液压调

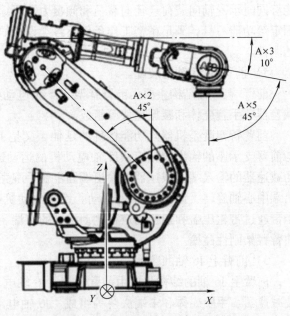

图 4-10　机器人适合运输的姿态

图 4-11 用叉车运输机器人

节的叉车货叉并拢或分开时造成叉孔过度负荷。

（2）用圆形吊带吊升机器人

如图 4-12 所示，将机器人姿态固定为运送姿态，用吊带穿过机器人本体上的吊环，为了防止吊运时机器人歪斜，在机器人手臂上也可以绑上吊带，然后将机器人吊装起来。如图 4-13 和图 4-14 所示，显示了如何将圆形吊带与机器人相连。图 4-13 和图 4-14 中 A、B、C 部分是专门做的防护垫，防止吊带损坏本体。机器人在运输过程中可能会翻倒，有造成人员受伤和财产损失的危险。如果用运输吊具运输机器人，则必须特别注意防止翻倒等安全注意事项，并采取额外的安全措施。禁止用起重机以任何其他方式吊升机器人，如果机器人装有外挂式接线盒，则用起重机运输机器人时会有少许的重心偏移。

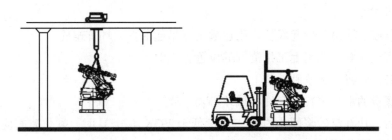

图 4-12 用圆形吊带吊升机器人

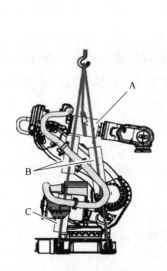

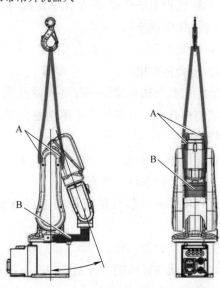

图 4-13 吊运机器人本体方式一　　　　图 4-14 吊运机器人本体方式二

63

4.2.2 机器人本体安装

1. 机器人的安装

（1）安装地基固定装置

通过底板和锚栓将机器人固定在合适的混凝土地基上（针对带定中装置的地基固定装置）。地基固定装置由带固定的销和剑型销、六角螺栓及碟形垫圈、底板、锚栓、注入式化学锚固剂和动态套件等组成。

如果混凝土地基的表面不够光滑或平整，则用合适的补整砂浆平整。如果使用锚栓，则只应使用同一个生产商生产的化学锚固剂管和地脚螺栓。钻取锚栓孔时，不得使用金刚石钻头或者底孔钻头，最好使用锚栓生产商生产的钻头。另外还要注意遵守有关使用化学锚栓的生产商说明。

1）前提条件。混凝土地基必须有尺寸和截面的要求；地基表面必须光滑和平整；地基固定组件必须齐全；必须准备好补整砂浆；必须准备好符合负载能力的运输吊具和多个环首螺栓备用。

2）专用工具。包括钻孔机及钻头，符合化学锚栓生产商要求的装配工具。

3）操作步骤。

① 用叉车或运输吊具拾起底板。用运输吊具吊起前拧入环首螺栓。

② 确定底板相对于地基上工作范围的位置。

③ 在安装位置将底板放到地基上。

④ 检查底板的水平位置。允许的偏差必须 <3°。

⑤ 安装后，让补整砂浆硬化约 3h。温度低于 293K（20°）时，硬化时间应延长。

⑥ 拆下 4 个环首螺栓。

⑦ 通过底板上的孔将 20 个化学锚栓空钻入地基中。

⑧ 清洁化学锚栓孔。

⑨ 依次装入 20 个化学锚栓固剂管。

⑩ 为每个锚栓执行以下工作步骤。

将装配工具与锚栓螺杆一起夹入钻孔机中，然后将锚栓螺杆以不超过 750r/min 的转速拧入化学锚栓孔中。如果化学锚固剂混合充分，并且地基中的化学锚栓孔已完全填满，则使锚栓螺杆就座。

让化学锚固剂硬化。

放上锚栓垫圈和球面垫圈。

套上六角螺母，然后用扭矩扳手对角交错拧紧六角螺母，同时应分几次将拧紧扭矩增加。

套上并拧紧锁紧螺母。

将注入式化学锚固剂注入锚栓垫圈上的孔中，直至孔中填满为止。

（2）安装机架固定装置

固定装置包括带固定件的销、带固定件的剑形销、六角螺栓及蝶形垫圈。

1）前提条件。已经检查好底部结构是否足够安全；机架固定位置组件已经齐全。

2）操作步骤。

① 清洁机器人的支承面。

② 检查补孔图。

③ 在左后方插入销，用内六角螺栓和蝶形垫圈固定。

④ 在右后方插入剑形销，并用内六角螺栓和蝶形垫圈固定。

⑤ 用扭矩扳手拧紧内六角螺栓。

⑥ 准备好内六角螺栓和蝶形垫圈。

这时，地基已经准备好用于安装机器人。

（3）安装机器人

在用地基固定组件将机器人固定在地面时的安装工作为：用六角螺栓固定在底板上；用定位销定位。

1）前提条件。已经安装好地基固定装置；安装地点可以行驶叉车或者起重机；负载能力足够大；已经拆下会妨碍工作的工具和其他设备部件；连接电缆和接地线已连接至机器人并已装好；在用压缩空气时，机器人已配备压缩空气气源；平衡配重上的压力已经正确调整好。

2）操作步骤。

① 检查定中销和剑形销有无损坏，是否固定。

② 用起重机或叉车将机器人运至安装地点。

③ 将机器人垂直放到地基上。为了避免定中销损伤，应注意位置要正好垂直。

④ 拆下运输吊具。

⑤ 装上六角螺栓和碟形垫圈。

⑥ 用扭矩扳手对角交错拧紧六角螺栓。分几次将扭矩增加至给定值。

⑦ 检查 A2 轴的缓冲器是否安装好，必要时装入缓冲器。只有先安装好 A2 轴的缓冲器后才允许运行机器人。

⑧ 连接电动机电缆。

⑨ 平衡机器人和机器人控制系统之间、机器人和设备之间的电势。

⑩ 将压缩空气气源连接至压力调节器，将压力调节器清零。

⑪ 打开压缩空气气源，并将压力调节器设置为 0.01MPa。

⑫ 如有工具，应装上并连接拖链系统。

注意：如要加装工具，则法兰在工具上以及连接法兰在机械手上必须进行非常精确的相互校准，否则会损坏部件。地基上机器人的固定螺栓必须在运行 100h 后用规定的拧紧力矩再拧紧一次。设置错误或运行时没有压力调节器可能会损坏机器人，因此仅当压力调节器设置正确和连接了压缩空气气源时才允许运行机器人。

2. 机器人安装角度和值

参数"Gravity Beta"指定机器人的安装角度，以弧度（rad）表示，按照以下方式进行计算。

Gravity Beta = A° × 3. 141593/180 = Brad，基本参数见表 4-6，其中 A 是以度为单位的安装角度，B 是以弧度为单位的安装角度，安装示意图如图 4-15 所示。

表 4-6　基本参数

位置示例	安装角度/°	Gravity Beta/rad
地面	0	0.000000
墙壁	90	1.570796
悬挂	180	3.141593

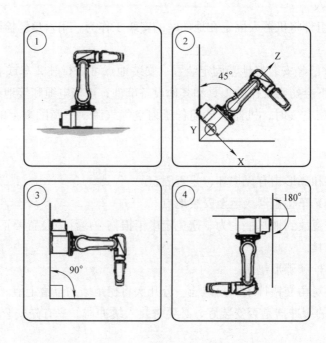

图 4-15　机器人安装示意图

图 4-15 所示机器人安装姿态说明见表 4-7。

表 4-7　安装姿态说明

Pos1	地面安装
Pos2	倾斜，安装角度 45°
Pos3	墙壁，安装角度 90°
Pos4	悬挂，安装角度 180°

3. 确定方位并固定机器人（见表 4-8）

表 4-8 确定方位并固定机器人

简介	确定机器人的方位并将其固定在基座或底板上，以便机器人安全运行
孔配置、底座	下图显示固定机器人时，使用的孔配置，A—A 剖视图为导向套孔的横截面 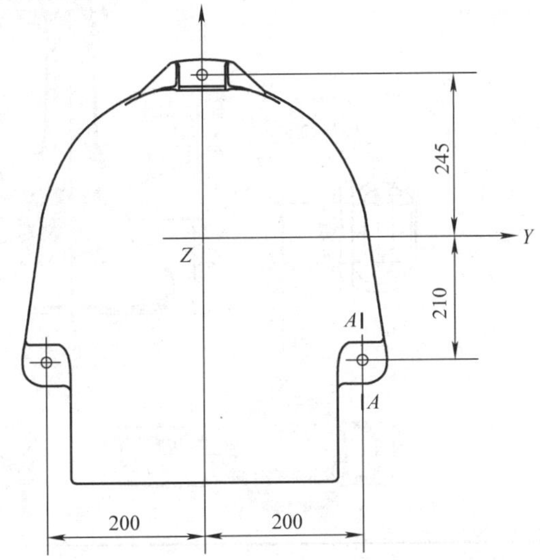 A—A 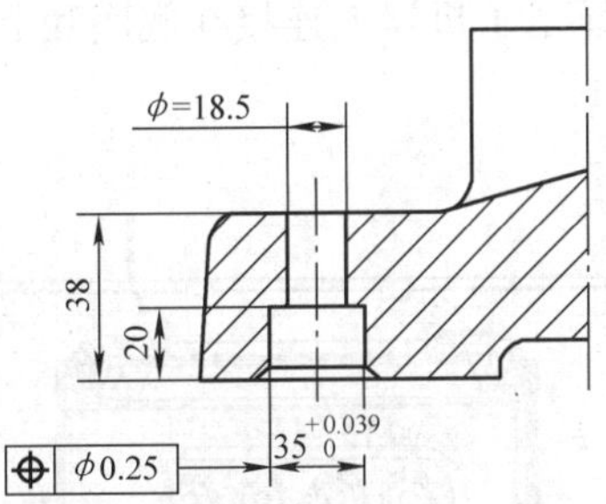

4. 将设备安装到机器人上

（1）将设备安装到底座和上臂（见表 4-9）

表 4-9 将设备安装到底座和上臂

简介	机器人上具有安装附加设备的安装孔，这些安装孔中的任何一个都可能被机器人用户安装的其他布线、设备等堵塞。确保可以在规划机器人单元时通开所需的安装孔
最大载荷	下表显示孔中所安装任何额外设备的最大允许载荷<table><tr><td>机器人型号</td><td>最大载荷（底座，每一侧）</td><td>最大载荷（上臂）</td></tr><tr><td>IRB120</td><td>0.5kg</td><td>0.3kg</td></tr></table>

（续）

简介	下图显示机器人底座和上臂上可用于安装额外设备的安装孔 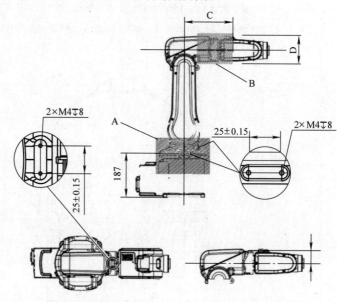

（2）ABB 机器人 IRB120 本体的连接

图 4-16 和图 4-17 所示显示了机器人连接在底座和上臂壳上的位置示意图，其安装基本参数分别见表 4-10 和表 4-11。

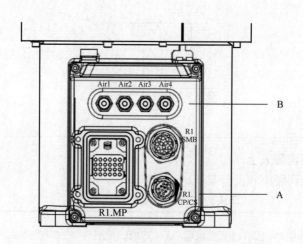

图 4-16　机器人连接在底座上的位置示意图

表 4-10　基本参数

位置	连接	描述	编号	值
A	R1. CP/CS	电力/信号	10	49V，500mA
B	压缩空气	最大 5bar	4	内壳直径 4mm

注：R1 为机器人底座接口，CP/CS 为电缆标识。位置 B 为压缩空气接口。

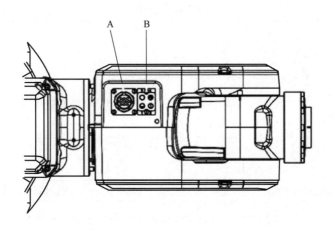

图 4-17　机器人连接在上臂壳上的位置示意图

表 4-11　基本参数

位置	连接	描述	编号	值
A	R3. CP/CS	电力/信号	10	49V，500mA
B	压缩空气	最大 5bar	4	内壳直径 4mm

注：R3 为机器人上臂壳接口，CP/CS 为电缆标识。位置 B 为压缩空气接口。

　　下面以框架模式介绍了出厂部件、安装部件的软件工具以及基本的工作流程。图 4-18 所示为机器人安装框架图，相应部件说明见表 4-12。

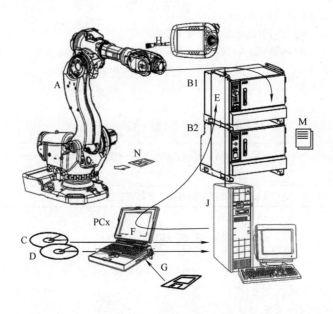

图 4-18　机器人安装框架图

表 4-12 部件表

部件	描述
A	操纵器（所示为普通型号）
B1	IRC5 Control Module，包含机器人系统的控制电子装置
B2	IRC5 Drive Module，包含机器人系统的电源电子装置。Drive Module 包含在单机柜中。在 MultiMove 系统中包含多个 Drive Module
C	RobotWare DVD
D	文档 DVD
E	由机器人控制器运行的机器人系统软件。系统已通过局域网中的服务器加载到控制器
F	Robotstudio 在 PCx 上安装的 PC 软件。用于将 RobotWare 软件载入服务器，以配置机器人，用于执行何时使用 FlexPeddant 和 Robotstudio
G	运行选项的系统 Absolute Accuracy 专用校准数据磁盘。不带此选项的系统所用的校准数据通常随串行测量电路板提供
H	与控制器连接的 FlexPeddant，用于执行何时使用
J	网络服务器。可用于手动储存： • RobotWare； • 成套机器人系统； • 说明文档。 如果服务器与控制器之间无法传输数据，则可能是服务器已断开 服务器的用途： • 可使计算机和手动保存全部的软件； • 手动储存通过便携式计算机创建的全部配置系统文件； • 在安装之后可使用便携式计算机和手动保存全部机器人文档。在此情况下，服务器可视为由便携式计算机使用的储存单元
M	RobotWare 许可密钥。原始密钥字符串印于内附纸上。 RobotWare 许可密钥在出厂时安装，从而无需额外的操作来运行系统
N	处理分解器数据和存储校准数据的串行测量电路板。对于不运行 Absolute Accuracy 选项的系统，出厂时校准数据存储在 SMB 上
PCx	如果服务器与控制器之间无法传输数据，则可能是计算机已经断开连接

思考与练习

1. 简答题

（1）工业机器人机械系统的运输有哪几种形式？

（2）伺服电动机有什么特点？

（3）六轴工业机器人分别采用了哪些减速机构？各有什么特点？其装配有什么要求？

（4）比较谐波减速器和 RV 减速器的异同。

（5）六轴工业机器人的装配应该注意哪些事项？

2. 操作题

ABB 机器人 IRB120 本体的安装和固定。

（1）将机器人本体从运输的木箱中取出，确定运输中无损坏。

（2）将机器人调运或者叉车搬运到合适位置，然后用螺栓将机械本体固定到水平地面上，保证不会倾倒或移动。

（3）按照另一个对角方向将另外两个螺栓拧上，并预紧。四个螺栓预紧后，再次确定机器人的位置摆放是否合适，然后将四个螺栓全部拧紧，将机器人固定在工作台上。

模块三 工业机器人电气安装调试

项目 5 工业机器人电气控制系统的认识

知识点

掌握电气原理图的绘制原则。

认识机器人 IRC5 控制系统。

技能点

能正确识读电气原理图。

任务 5.1 工业机器人电气控制系统图纸识读

学习任务描述

认识常用电气元器件。

识读工业机器人电气控制系统图纸。

学习任务实施

5.1.1 工业机器人电气元器件的认识及选用

控制系统是工业机器人的重要组成部分，它使工业机器人按照作业去完成各种任务。由于工业机器人的类型较多，其控制系统的形式也是多种多样的。工业机器人电气控制系统主要由示教单元、PLC 单元和伺服驱动器等单元组成。

下面简要介绍伺服驱动器、开关电源、低压断路器和航空插头。

1. 伺服驱动器

通常的六轴机器人有六个伺服轴，对应的有六个伺服驱动器，伺服驱动器的功能是驱动并控制伺服电动机运动，电动机的平稳运动需要对驱动器设置合理的参数，伺服驱动器实物外观图如图 5-1 所示。

伺服驱动器把上位机的指令信号转变为驱动伺服电动机运行的能量，又叫做伺服控制器或伺服放大器，各端口见表 5-1。伺服驱动器通常以电动机转角，转速和转矩作为控制目标，进而控制运动机械跟随控制指令运行，可实现高精度的机械传动和定位。因此，伺服驱动器是控制单元与工业机器人本体的联系环节。通常伺服驱动器的额定工作电压是三相

图 5-1 伺服驱动器实物外观图

交流 220V，而现在企业动力电源都是三相 380V，这就需要用伺服变压器把三相交流 380V 的电源变成三相交流 220V，为伺服驱动器供电。

表 5-1　驱动器各端口功能介绍

接口	功能
RST	驱动器主电源输入连接端
RB	外置再生放电电阻接线端
UVW	电动机连接端
Magnetic Contactor	驱动器控制电源输入连接端
USB mini－B cable	连接计算机调试及监控用端口
Machine I/F	抱闸、报警输出端口
Feedback	编码器连接端口
STO	安全模块连接接口
Controller I/F	通信用连接端口
CNO	通信用连接端口

2. 开关电源

开关电源，又称为交换式电源、开关变换器，是一种高频化电能转换装置，如图 5-2 所示。其功能是将一个位准的电压，透过不同形式的架构转换为用户端所需求的电压或电流。开关电源是利用现代电力电子技术，控制开关管开通和关断的时间比率，维持稳定输出电压的一种电源，开关电源一般由脉冲宽度调制（PWM）控制集成电路（IC）和金属－氧化物半导体场效应晶体管（MOSFET）构成。随着电力电子技术的发展和创新，使得开关电源技术也在不断创新。目前，开关电源以小型、轻量和高效率的特点被广泛应用于电子设备，是当今电子信息产业飞速发展不可缺少的一种电源方式。

图 5-2　开关电源

开关电源和线性电源相比，二者的成本都随着输出功率的增加而增长，但二者增长速率各异。线性电源成本在某一输出功率点上，要高于开关电源。

开关电源大致由主电路、控制电路、检测电路、辅助电源四大部分组成。

开关电源的主要特点是：

1）体积小、重量轻：由于没有工频变压器，所以体积和重量只有线性电源的 20%~30%。

2）功耗小、效率高：功率晶体管工作在开关状态，所以晶体管上的功耗小，转化效率高，一般为 60%～70%，而线性电源只有 30%~40%。

3. 低压断路器

低压断路器通常称为自动开关或空气开关，如图 5-3 所示，具有控制电路和保护电路的复合功能，可用于设备主电路及分支电路 图 5-3　低压断路器实体图的通断控制。当电路发生短路、过载或欠压等故障时能自动分断电路，也可用作不频繁地直接接通和断开电动机电路。

（1）工作原理

低压断路器主要由三个基本部分组成，即触点、灭弧系统和各种脱扣器，其工作原理如图 5-4 所示，低压断路器的主触点是靠手动操作或电动合闸的。主触点闭合后，自由脱扣机构将主触点锁在合闸位置上。过电流脱扣器的线圈和热脱扣器的热元器件与主电路串联，欠电压脱扣器的线圈和电源并联。当电路发生短路或严重过载时，过电流脱扣器的衔铁吸合，使自由脱扣机构动作，主触点断开主电路。当电路过载时，热脱扣器的热元器件发热使双金属片上弯曲，推动自由脱扣机构动作。当电路欠电压时，欠电压脱扣器的衔铁释放。也使自由脱扣机构动作。分励脱扣器则作为远距离控制用，在正常工作时，其线圈是断电的，在需要距离控制时，按下起动按钮，使线圈通电，衔铁带动自由脱扣机构动作，使主触点断开。

（2）分类

低压断路器主要分类方法是以结构形式分类，即分为开启式和装置式两种。开启式又称为框架式或万能式，装置式又称为塑料壳式。另外还有智能化断路器等。

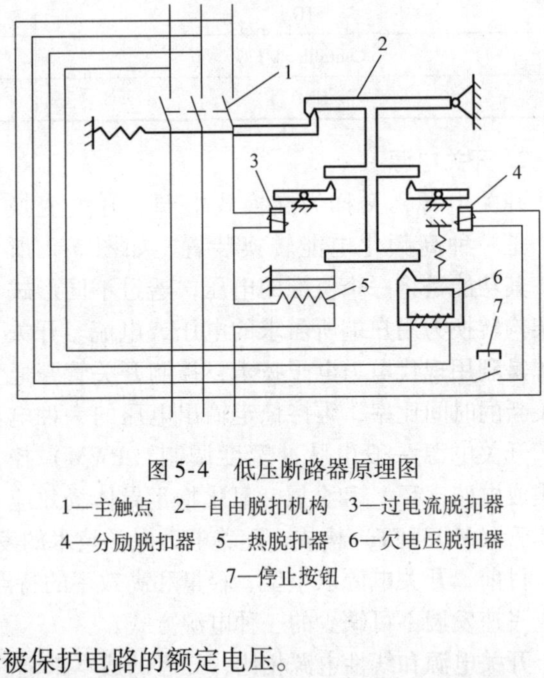

（3）选用原则

低压断路器的选用与维护是在实际生产中很重要的部分，其中低压断路器的选用原则有：

1）根据电路对保护的要求确定断路器的类型和保护形式，即确定选用框架式、装置式或限流式等。

2）断路器的额定电压 U_N 应等于或大于被保护电路的额定电压。

图 5-4　低压断路器原理图

1—主触点　2—自由脱扣机构　3—过电流脱扣器
4—分励脱扣器　5—热脱扣器　6—欠电压脱扣器
7—停止按钮

3）断路器欠压脱扣器额定电压应等于被保护电路的额定电压。

4）断路器的额定电流及过流脱扣器的额定电流应大于或等于被保护电路的计算电流。

5）断路器的极限分断能力应大于电路的最大短路电流的有效值。

6）配电电路中的上、下级断路器的保护特性应协调配合，下级的保护特性应位于上级保护特性的下方且不相交。

7）断路器的长延时脱扣电流应小于导线允许的持续电流。

低压断路器的维护主要有：

1）在安装低压断路器时应注意把来自电源的母线接到开关灭弧罩一侧的端子上，来自电气设备的母线接到另外一侧的端子上。

2）低压断路器投入使用时应按照要求先整定热脱扣器的动作电流，以后就不能再随意旋动有关的螺钉和弹簧了。

3）发生断路、短路事故后，应立即对触点进行清理，检查有无损坏，清除金属熔粒、粉尘等，特别要把散落在绝缘体的金属粉尘清除干净。

4）在正常情况下，应每 6 个月对开关进行一次检修，清除灰尘。

4. 航空插头

航空插头是一种很常用的部件，主要作用是：在电路内被阻断处或孤立不通的电路之间架起沟通的桥梁，从而使电路接通，实现预定的功能。航空插头外形如图 5-5 所示。

图 5-5 航空插头外形示意图

航空插头是电气设备中不可缺少的部件，顺着电流流通的通路观察，可发现有一个或多个航空插头，其形式和结构也是千变万化，随着应用对象、频率、功率、应用环境的不同而有各种不同形式的航空插头。航空插头使用在电路之间需要用连续的导体永久性地连接在一起，如电子装置要连接在电源上，必须在连接导线的两端，与电子装置及电源通过焊接固定接牢。

（1）使用航空插头的好处

1）改善生产过程，简化了电子产品的装配过程和批量生产过程。

2）易于维修，如果某电子元器件失效，装有航空插头时就可以快速更换失效元器件。

3）便于升级，装有航空插头可以更新元器件，用新的、更完善的元器件代替旧的元器件。

4）提高设计的灵活性，使用航空插头使工程师在设计和集成新产品时，以及用元器件组成系统时，有更大的灵活性。

（2）航空插头的选择

1）电气参数要求。航空插头是连接电气电路的机电元器件，因此航空插头自身的电气参数是选择时首先要考虑的问题。

2）安装方式和外形。航空插头接线端子的外形千变万化，用户主要从直形、弯形、电线或电缆的外径，以及外壳的固定要求、体积、重量、是否需连接金属软管等方面加以选择，对在面板上使用的航空插头还要从美观、造型、颜色等方面加以选择。电控柜航空插头如图 5-6 所示，接口功能列表见表 5-2。

图 5-6 电控柜航空插头

表 5-2 电控柜接口功能列表

序号	说明
1	380V 电网进线航空插头
2	电动机电源线航空插头
3	编码器线航空插头
4	示教盒航空插头

5.1.2 电气系统图介绍

电气系统图主要有电气原理图、电气元器件布局图、电气安装接线图。

（1）电气原理图

电气原理图是电气系统图的一种，用来表明电气设备的工作原理及各电气元器件的作用、关系的一种表达方式，是根据控制电路的工作原理绘制的，具有结构简单、层次分明的特点。一般由主电路、控制电路、检测与保护电路、配电电路等几大部分组成。由于电气原理图直接体现了电气元器件与电气结构及其相互间的逻辑关系，所以一般用在设计、分析电路中。分析电路时，通过识别图纸上所画的各种电路元器件符号，以及它们之间的连接方式，就可以了解电路实际工作时的情况。掌握识读电气原理图的方法和技巧，对于分析电气电路，排除设备电路故障是十分有益的。

（2）电气元器件布局图

主要用来表明各种电气设备在机械设备上和电气控制柜中的实际安装位置，如图5-7所示。为机电设备的制造、安装、维护、维修提供必要的资料。

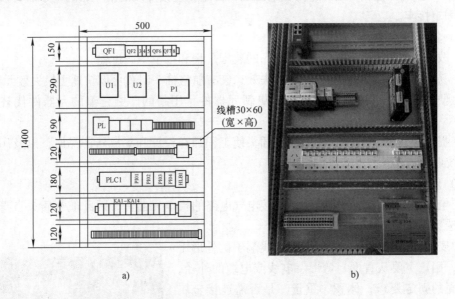

a)   b)

图 5-7　电气元器件布局图

电气元器件布置安装图的设计遵循以下原则：

1）必须遵循相关国家标准设计和绘制电气元器件布置安装图。

2）布置相同类型的电气元器件时，应把体积较大和较重的安装在电气控制柜或面板的下方。

3）发热的元器件应该安装在电气控制柜或面板的上方或后方，但继电器一般安装在接触器的下面，以方便与电动机、接触器的连接。

4）需要经常维护、整定和检修的电气元器件、操作开关、监视仪器仪表，其安装位置应高低适宜，以便工作人员操作。

5）强电、弱点应该分开走线，注意屏蔽层的连接线，防止干扰的窜入。

6）电气元器件的布置应考虑安装间隙，并尽可能做到整齐、美观。

（3）电气安装接线图

电气安装接线图为进行装置、设备或成套装置的布线提供各个项目之间电气连接的详细信息，包括连接关系、电缆种类和敷设电路。如图 5-8 所示。一般情况下，电气安装接线图和电气原理图需配合使用。绘制电气安装接线图应遵循的主要原则如下：

1）必须遵循相关国家标准绘制电气安装接线图。

2）各电气元器件的位置、文字符号必须和电气原理图中的标注一致，同一个电气元器件的各部件必须画在一起，各电气元器件的位置应与实际安装位置一致。

3）不在同一安装板或电控柜上的电气元器件或信号的电气连接一般应通过端子排连接，并按照电气原理图中的接线编号连接。

4）走向相同、功能相同的多根导线可用单线或线束表示，应标明导线的规格、型号、颜色、根数和穿线管的尺寸。

a)

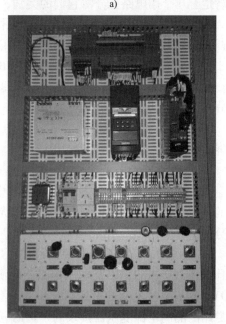

b)

图 5-8　电气安装接线实物图

5.1.3　电气原理图的识读方法

（1）电气原理图中电气元器件的布局规则

1）电气原理图中电气元器件的布局，应根据便于阅读的原则安排。主电路安排在图面左侧或上方，辅助电路安排在图面右侧或下方。无论主电路还是辅助电路，均按功能布置，尽可能按动作顺序从上到下，从左到右排列。

2）电气原理图中，当同一电气元器件的不同部件分散在不同位置时，为了表示是同一元器件，要在电气元器件的不同部件处标注统一的文字符号。对于同类元器件，要在其文字符号后加数字序号来区别。

3）电气原理图中，所有电器的可动部分均按没有通电或没有外力作用时的状态画出。

4）电气原理图中，应尽量减少线条和避免线条交叉。各导线之间有电联系时，在导线交点处画实心圆点。根据图面布置需要，可以将图形符号旋转绘制，一般逆时针方向旋转90°，但文字不可倒置。

5）图纸上方的 1、2、3 等数字是图区的编号，它是为了便于检索电气电路，方便阅读分析从而避免遗漏设置的。图区编号也可设置在图的下方。

6）图区编号下方的文字表明它对应的下方元器件或电路的功能，使读者能清楚地知道某个元器件或某部分电路的功能，以利于理解全部电路的工作原理。

（2）看电气原理图的一般方法

看电气原理图的一般方法是先看主电路，明确主电路控制目标与控制要求，再看辅助电路，并通过辅助电路的回路研究主电路的运行状态。电气原理图中所有电气元器件都应采用国家标准中统一规定的图形文字符号表示。

主电路一般是电路中的动力设备，它将电能转变为机械运动的机械能，典型的主电路就是从电源开始到电动机结束的那一条电路。辅助电路包括控制电路、保护电路、照明电路。通常来说，除了主电路以外的电路都可以称之为辅助电路。

1）识读主电路的步骤

① 看清主电路中的用电设备。用电设备指消耗电能的用电器或电气设备，看图首先要看清楚有几个用电路，分清它们的类别、用途、接线方式及工作要求。

② 看清楚用电设备是用什么电气元器件控制的。控制用电设备的方法很多，有的直接用开关控制，有的用各种启动器，有的用接触器控制。

③ 了解主电路所用的控制器及保护电器。前者是指常规的接触器以外的其他控制元器件，如电源开关、万能转换开关。后者是指短路保护元器件及过载保护元器件。一般来说，先分析完主电路，即可分析控制电路。、

④ 看电源。要了解电源电压的等级，是380V还是220V，是从母线汇流排供电还是配电屏供电，还是从发电机组接出来的。

2）识读辅助电路的步骤。辅助电路包含控制电路、信号电路和照明电路。

① 分析控制电路。根据主电路中各电动机和执行电器的控制要求，逐一找出控制电路中的其他控制环节，将控制电路"化整为零"，按功能不同划分成若干个局部控制电路来进行分析。

② 看电源。首先看清电源的种类，是直流还是交流。其次，要看清辅助电路的电源是从什么地方接来的，以及电压等级。电源一般是从主电路的两条相线上接来的，其电压为380V。也有从主电路的一条相线和一条零线上接来的，电压为单相220V。此外，也可以是从专用的隔离电源变压器接来的。辅助电路中的一切电气元器件的线圈额定电压必须与辅助电路电源电压一致。否则，电压低时，电路元器件不动作；电压高时，则会把电气元器件烧坏。

③ 了解控制电路中所采用的各种继电器、接触器的用途，如采用了一些特殊的继电器，还应了解它们的动作原理。

④ 根据辅助电路来研究主电路的动作情况。

⑤ 研究电气元器件之间的相互关系。电路中的一切电气元器件都不是孤立存在的，而是相互联系、相互制约的。这种相互控制的关系有时表现在一条回路中，有时表现在几条回路中。

⑥ 研究其他电气设备和电气元器件，如整流设备、照明灯等。

任务 5.2 工业机器人 IRC5 控制系统的认识

学习任务描述

认识工业机器人 IRC5 控制系统。

学习任务实施

5.2.1　工业机器人控制系统

工业机器人由主体、驱动系统和控制系统三个基本部分组成。主体即机座和执行装置，包括臂部、腕部和手部等，有的机器人还有行走装置。大多数工业机器人有 3~6 个运动自由度，其中腕部通常有 1~3 个运动自由度。驱动系统包括动力装置和传动装置，用以使执行装置产生相应的动作。控制系统是按照输入的程序对驱动系统和执行发出指令信号，并进行控制。

1. 工业机器人控制系统的功能

对机器人控制系统的一般要求。机器人控制系统是机器人的重要组成部分，用于对操作机构的控制，以完成特定的工作任务，其基本功能如下。

1）记忆功能：存储作业顺序、运动路径、运动方式、运动速度和与生产工艺有关的信息。

2）示教功能：离线编程、在线示教、间接示教。在线示教包括示教盒和导引示教两种。

3）与外围设备联系功能：输入和输出接口、通信接口、网络接口、同步接口。

4）坐标设置功能：有关节、绝对、工具、用户自定义四种坐标系。

5）人机接口：示教盒、操作面板、显示屏。

6）传感器接口：位置检测、视觉、触觉、力觉等。

7）位置伺服功能：机器人多轴联动、运动控制、速度和加速度控制、动态补偿等。

8）故障诊断安全保护功能：运行时系统状态监视、故障状态下的安全保护和故障自诊断。

2. 工业机器人控制系统的组成

如图 5-9 所示，工业机器人主要由以下部分组成。

（1）控制计算机

控制系统的调度指挥机构一般为微型机，微处理器有 32 位、64 位等，如奔腾系列 CPU 以及其他类型 CPU。

（2）示教盒

示教盒能示教机器人的工作轨迹和进行参数设定，以及进行所有人机交互操作。它拥有自己独立的 CPU 以及存储单元，与主计算机之间以串行通信方式实现信息交互。

（3）操作面板

由各种操作按键、状态指示灯构成，只完成基本功能操作。

（4）硬盘和软盘

储存机器人工作程序的外围存储器。

（5）数字和模拟量输入输出

各种状态和控制命令的输入或输出。

（6）打印机接口

记录需要输出的各种信息。

（7）传感器接口

用于信息的自动检测，实现机器人柔顺控制，一般为力觉、触觉和视觉传感器。

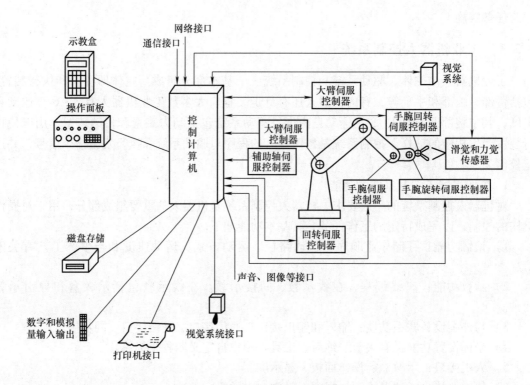

图 5-9　机器人控制系统的组成

（8）轴控制器

完成机器人各关节位置、速度和加速度控制。

（9）辅助设备控制

用于和机器人配合的辅助设备控制，如手爪变位器等。

（10）通信接口

实现机器人和其他设备的信息交换，一般有串行接口、并行接口等。

（11）网络接口

1）Ethernet 接口：可通过以太网实现数台或单台机器人的直接 PC 通信，数据传输速率高达 10Mbit/s，可直接在 PC 上用 Windows 库函数进行应用程序编程之后，支持 TCP/IP 通信协议，通过 Ethernet 接口将数据及程序装入各个机器人控制器中。

2）Fieldbus 接口：支持多种流行的现场总线规格，如 Device net、AB Remote I/O、Interbus – s、Profibus – DP、M – NET 等。

3. 工业机器人控制系统分类

1）程序控制系统：给每一个自由度施加一定规律的控制作用，机器人就可实现要求的空间轨迹。

2）自适应控制系统：当外界条件变化时，为保证所要求的品质或为了随着经验的积累而自行改善控制品质，其过程是基于操作机的状态和伺服误差的观察，再调整非线性模型的参数，一直到误差消失为止。这种系统的结构和参数能随时间和条件自动改变。

3）人工智能系统：事先无法编制运动程序，而是要求在运动过程中根据所获得的周围状态信息，实时确定控制作用。

4）点位式：要求机器人准确控制末端执行器的位置，而与路径无关。

5）轨迹式：要求机器人按示教的轨迹和速度运动。

6）控制总线：国际标准总线控制系统。采用国际标准总线作为控制系统的控制总线，如 VME、MULTI – bus、STD – bus、PC – bus。

7）自定义总线控制系统：由生产厂家自行定义使用的总线作为控制系统总线。

8）编程方式：物理设置编程系统。由操作者设置固定的限位开关，实现起动，停车的程序操作，只能用于简单的拾起和放置作业。

9）在线编程：通过人的示教来完成操作信息的记忆过程编程方式，包括直接示教、模拟示教和示教盒示教。

10）离线编程：不对实际作业的机器人直接示教，而是脱离实际作业环境，通过使用高级机器人编程语言，远程式离线生成机器人作业轨迹。

5.2.2　ABB 机器人控制系统的认识

国外的机器人都采用基于各自控制结构的控制软件，同时为了便于用户进行二次开发，都提供了各自的二次开发包，以 ABB 机器人为例。

1. 系统构成

ABB 机器人系统构成如图 5-10 所示。

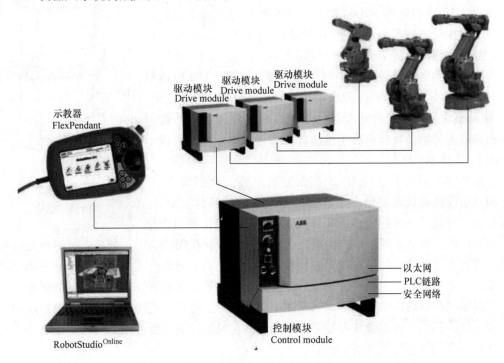

图 5-10　ABB 机器人系统构成

2. 主控制器特点

采用模块化设计的 IRC5 控制器是 ABB 公司最近推出的第五代机器人控制器，它标志着机器人技术领域的一次最重大的进步与革新。IRC5 控制器的特性主要包括：配备完善的通信功能、实现了维护工作量的最小化、具有高可靠性以及采用创新设计的新型开放式系统、便携式界面装置示教器。

　　IRC5 控制器由一个控制模块和一个驱动模块组成，如图 5-11 所示，可选增一个过程模块以容纳定制设备和接口，如点焊、弧焊和胶合等。配备这三种模块的灵活型控制器完全有能力控制一台六轴机器人外加伺服驱动工件定位器及类似设备。如需增加机器人的数量，只需为每台新增机器人增装一个驱动模块，还可选择安装一个过程模块，最多可控制四台机器人在 MultiMove 模式下作业。各模块间只需要两根连接电缆，一根为安全信号传输电缆，另一根为以太网连接电缆，供模块间通信使用，模块连接简单易行。

　　每个模块，无论属于何种类型，均可安装在采用相同设计和尺寸一致的机箱内，机箱占地面积为 700mm × 700mm，高度为 625mm。机箱底座面积相同，采用直边设计及简单的双电缆连接方式，实现了模块布置上的全面灵活性。各种模块既可垂直叠放，以尽可能减小占地面积，也可并排放置，甚至可以最大 75m 的间距进行分布式布置。采用后一种布局还可以确保各种模块处于最佳运行位置；例如，可将控制模块机箱放置在中央区域，将驱动模块和过程模块机箱靠近机器人工作站摆放。另外，模块间相互依赖已达到最小化，各个模块均自带计算机、电源和标准以太网通信接口，因此可以在对其他模块干扰程度最低的情况下更换、调换、升级或再装配。

　　IRC5 控制器包含移动和控制机器人的所有必要功能。如图 5-11 所示，IRC5 控制器 M2004 的基本变型可以包含单个机柜或两个独立的模块，如前面介绍的控制模块和驱动模块。在单个机柜中，控制和驱动模块集成于一个模块之中。

　　控制模块包含所有的电子控制装置，例如主机、I/O 电路板和闪存。驱动模块包含所有为机器人电动机供电的电源设备。IRC5 驱动模块最多可包含 9 个驱动单元，它能处理 6 根外轴附加 2 根轴或附件轴，具体取决于机器人的型号。电气控制系统示例如图 5-12 所示。

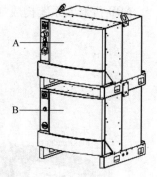

图 5-11 IRC5 控制器 M2004

A—控制模块

B—驱动模块

　　使用和安装的便利性是 IRC5 控制器的主要设计宗旨之一。模块间双电缆连接设计就是一个典型的方便安装的特性。此外，通过控制，模块可一次连接多达四台机器人，从机箱前部可方便操作所有接线。现场总线和厂内网络以太网接线设置在机箱底座上，便携式计算机的服务通道和外接大容量存储器的端口设置在操作员的面板上。主电源开关、模式选择开关和急停按钮也装配在该面板上，这些组件均可拆卸并远距离布置，如布置在工作站区域的附近。

　　控制模块和驱动模块除了可以采用独立式机箱外，还可选用组合式机箱，即紧凑型控制器。紧凑型控制器具备的硬件和性能与采用离散化模块的灵活型控制器相同，但缩小了为定制 I/O 板及类似元器件预留的空间。

　　此外，全封闭式机箱无须设置空气过滤器。其他延长设备寿命的方法有：选用无电池电源，驱动模块风扇速控装置，可延长轴承使用寿命的硬盘自动转速降低功能以及符合工业耐用性标准的处理器和组件等。

　　IRC5 控制系统有长达 8000 小时的平均无故障运行时间，按每天 24 小时每周 7 天连续

图 5-12　电气控制系统示例

运行计算，可连续运行 9 年以上，具有高可靠性和小维护量。

思考与练习

1. 简述题

（1）识读电气原理图主电路的步骤是什么？

（2）识读电气原理图辅助电路的步骤是什么？

（3）绘制电气元器件布局图时需要注意什么？

（4）工业机器人系统构成包含哪些？

2. 操作题

（1）根据给定的电气原理图，绘制电气元器件布局图和电气元器件接线图。

（2）以现有型号六轴多关节机器人为例，完成工业机器人电气控制系统交流供电电路
的安装与调试。

项目6　工业机器人电控柜安装与调试

知识点

掌握电气安装工具的使用方法。

掌握电控柜安装调试的方法。

技能点

能正确对电控柜进行安装与调试。

任务6.1　工业机器人电控柜的认识

学习任务描述

认识与使用常用的电气安装调试工具。

掌握电控柜的安装原则。

掌握电控柜各组件的安装方法。

学习任务实施

6.1.1　常用工具的认识和使用

1. 压线钳

压线钳是用来压制水晶头的一种工具，如图 6-1 所示。常见的电话线接头和网线接头都是用压线钳压制而成的。如果使用了接线端子，那么压线钳将是必不可少的。压线钳使用步骤见表 6-1。

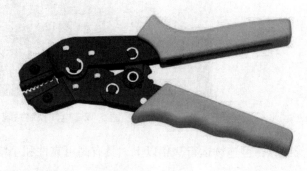

图 6-1　压线钳

表 6-1　压线钳使用步骤

序号	步骤	图示
1	将导线进行剥线处理，裸线长度约 1.5mm，与压线片的压线部位大致相等	

（续）

序号	步骤	图示
2	将压线片的开口方向向着压线槽放入，并使压线片尾部的金属带与压线钳平齐	
3	将导线插入压线片，对齐后压紧	
4	将压线片取出，观察压线的效果，掰去压线尾部的金属带即可使用	

2. 剥线钳

剥线钳是接线电工、电动机修理、仪器仪表电工常用的工具之一，如图 6-2 所示，用来供电工剥除电线头部的表面绝缘层。剥线钳可以使得电线被切断的绝缘皮与电线分开，还可以防止触电。

（1）机构原理

图 6-3 所示为剥线钳的机构简图，当握紧剥线钳手柄使其工作时，图中弹簧首先被压缩，使得夹紧机构夹紧电线。而此时由于扭簧 1 的作用剪切机构不会运动。当夹紧机构完全夹紧电线时，扭簧 1 所受的作用力逐渐变大致使扭簧 1 开始变形，使得剪切机构开始工作。而此时扭簧 2 所受的力还不足以使得夹紧机构与剪切机构分

图 6-2　剥线钳

开，剪切机构完全将电线皮切开后剪切机构被夹紧。此时扭簧2所受作用力增大，当扭簧2所受作用力达到一定程度时，扭簧2开始变形，夹紧机构与剪切机构分开，使得电线被切断的绝缘皮与电线分开，从而达到剥线的目的。

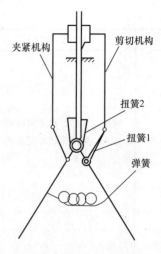

图6-3　剥线钳的机构简图

（2）使用要点

1）要根据导线直径，选用剥线钳刀片的孔径。

2）根据缆线的粗细型号，选择相应的剥线刀口。

3）将准备好的电缆放在剥线工具的刀刃中间，选择好要剥线的长度。

4）握住剥线工具手柄，将电缆夹住，缓缓用力使电缆外表皮慢慢剥落。

5）松开工具手柄，取出电缆线，这时电缆金属应整齐露出外面，其余绝缘塑料完好无损。

3. 电烙铁

电烙铁是电子制作和电器维修的必备工具，如图6-4所示，主要用途是焊接元器件及导线。

（1）分类

按机械结构可分为内热式电烙铁和外热式电烙铁，按功能可分为无吸锡式电烙铁和吸锡式电烙铁，根据用途不同又分为大功率电烙铁和小功率电烙铁。

外热式电烙铁由烙铁头、烙铁心、外壳、木柄、电源引线、插头等部分组成。由于烙铁头安装在烙铁心里面，故称为外热式电烙铁，如图6-5所示。烙铁心是电烙铁的关键部件，它是将电热丝平行地绕制在一根空心瓷管上，中间的云母片绝缘，并引出两根导线与220V交流电源连接。外热式电烙铁的规格很多，常用的有25W、45W、75W、100W等，功率越大烙铁头的温度也就越高。

图6-4　电烙铁

图6-5　外热式电烙铁

内热式电烙铁由手柄、连接杆、弹簧夹、烙铁心、烙铁头组成，如图6-6所示。由于烙铁心安装在烙铁头里面，因而发热快，热利用率高，因此，称为内热式电烙铁。内热式电烙铁的常用规格为20W、50W。由于它的热效率高，20W内热式电烙铁就相当于40W左右的外热式电烙铁。内热式电烙铁的后端是空心的，用于套接在连接杆上，并且用弹簧夹固定，当需要更换烙铁头时，必须先将弹簧夹退出，同时用钳子夹住烙铁头的前端，慢慢地拔出，切记不能用力过猛，以免损坏连接杆。

（2）使用方法

1）选用合适的焊锡，应选用焊接电子元器件用的低熔点焊锡丝。

2）将松香溶解在酒精（松香、酒精质量比为1∶3）中作为助焊剂。

3）电烙铁使用前要上锡，具体方法是：将电烙铁烧热，待刚刚能熔化焊锡时，涂上助焊剂，再用焊锡均匀地涂在烙铁头上，使烙铁头均匀吃上一层锡。

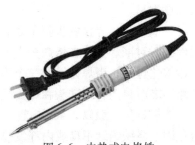

图6-6　内热式电烙铁

4）焊接方法。把焊盘和元器件的引脚用细砂纸打磨干净，涂上助焊剂。用烙铁头蘸取适量焊锡，接触焊点，待焊点上的焊锡全部熔化并浸没元器件引线头后，电烙铁头沿着元器件的引脚轻轻往上一提离开焊点。

5）焊接时间不宜过长，否则容易烫坏元器件，必要时可用镊子夹住引脚帮助散热。

6）焊点应呈正弦波峰形状，表面应光亮圆滑，无锡刺，锡量适中。

7）焊接完成后，要用酒精把电路板上残余的助焊剂清洗干净，以防炭化后的助焊剂影响电路正常工作。

8）集成电路应最后焊接，电烙铁要可靠接地，或断电后利用余热焊接，或者使用集成电路专用插座，焊好插座后再把集成电路插上去。

9）电烙铁应放在烙铁架上。

（3）焊接技术

在电子制作中，必然会遇到电路和元器件的焊接，焊接的质量对电子制作的质量影响极大。所以，学习电子制作技术，必须掌握焊接技术。

1）焊前处理。焊接前，应对元器件引脚或电路板的焊接部位进行焊接处理，一般有"刮""镀""测"三个步骤。

①"刮"就是在焊接前做好焊接部位的清洁工作。一般采用的工具是小刀和细砂纸，对集成电路的引脚、印制电路板进行清理，应保持引脚清洁。对于自制的印制电路板，应首先用细砂纸将铜箔表面擦亮，并清理印制电路板上的污垢，再涂上松香酒精溶液、助焊剂或"HP-1"，方可使用。对于镀金银的合金引出线，不能把镀层刮掉，可用橡皮擦去表面赃物。

②"镀"就是在刮净的元器件部位上镀锡。具体做法是蘸松香酒精溶液涂在刮净的元器件焊接部位上，再将带锡的热烙铁头压在其上，并转动元器件，使其均匀地镀上一层很薄的锡层。若是多股金属丝的导线，打光后应先拧在一起，然后再镀锡。

"刮"完的元器件引线上应立即涂上少量的助焊剂，然后用电烙铁在引线上镀一层很薄的锡层，避免其表面重新氧化，以提高元器件的可焊性。

③"测"就是在"镀"之后，利用万用表检测所有镀锡的元器件是否质量可靠，若有质量不可靠或已损坏的元器件，应用同规格元器件替换。

2）焊接。做好焊前处理之后，就可正式进行焊接。

①焊接方法。不同的焊接对象，其需要的电烙铁工作温度也不相同。判断烙铁头的温度时，可将电烙铁碰触松香，若烙铁碰到松香时，有"吱吱"的声音，则说明温度合适；若没有声音，仅能使松香勉强熔化，则说明温度低；若烙铁头一碰上松香就大量冒烟，则说

明温度太高。

一般来讲，焊接的步骤主要有三步：烙铁头上先熔化少量的焊锡和松香，将烙铁头和焊锡丝同时对准焊点；在烙铁头上的助焊剂尚未挥发完时，将烙铁头和焊锡丝同时接触焊点，开始熔化焊锡；当焊锡浸润整个焊点后，同时移开烙铁头和焊锡丝或先移开锡线，待焊点饱满漂亮之后再离开烙铁头和焊锡丝。

焊接过程一般以 2~3s 为宜。焊接集成电路时，要严格控制焊料和助焊剂的用量。为了避免因电烙铁绝缘不良或内部发热器对外壳感应电压损坏集成电路，实际应用中常采用拔下电烙铁的电源插头趁热焊接的方法。

② 焊接质量。焊接时，应保证每个焊点焊接牢固、接触良好。锡点应光亮、圆滑无毛刺，锡量适中。锡和被焊物熔合牢固，不应有虚焊和假焊。虚焊是指焊点处只有少量焊锡，造成接触不良，时通时断。假焊是指表面上好像焊住了，但实际上并没有焊上，有时用手一拔，引线就可以从焊点中拔出。

③ 焊接材料。对于不易焊接的材料，应采用先镀后焊的方法，例如，对于不易焊接的铝质零件，可先给其表面镀上一层铜或者银，然后再进行焊接。具体做法是，先将一些 $CuSO_4$（硫酸铜）或 $AgNO_3$（硝酸银）加水配制成浓度为 20% 左右的溶液。再把吸有上述溶液的棉球置于用细砂纸打磨光滑的铝件上面，也可将铝件直接浸于溶液中。由于溶液里的铜离子或银离子与铝发生置换反应，大约 20min 后，在铝件表面便会析出一层薄薄的金属铜或者银。用海绵将铝件上的溶液吸干净，置于灯下烘烤至表面完全干燥。完成以上工作后，在其上涂上有松香的酒精溶液，便可直接焊接。

注意，该方法同样适用于铁件及某些不易焊接的合金。溶液用后应盖好并置于阴凉处保存。当溶液浓度随着使用次数的增加而不断下降时，应重新配制。溶液具有一定的腐蚀性，应尽量避免与皮肤或其他物品接触。

4. 直流稳压电源

直流稳压电源是能为负载提供稳定直流电源的电子装置。直流稳压电源的供电电源大都是交流电源，当交流供电电源的电压或负载电阻变化时，稳压器的直流输出电压都会保持稳定。随着电子设备向高精度、高稳定性和高可靠性的方向发展，对电子设备的供电电源提出了更高的要求。直流稳压电源如图 6-7 所示。

直流稳压电源可以分为两类，线性稳压电源和开关型稳压电源。

（1）线性稳压电源

线性稳压电源有一个共同的特点就是它的功率调整管工作在线性区，靠调整管之间的电压降来稳定输出。由于调整管静态损耗大，需要安装一个很大的散热器给它散热。而且由于变压器工作在工频（50Hz）上，所以重量较大。

图 6-7　直流稳压电源

该类电源优点是稳定性高，纹波小，可靠性高，易做成多路、输出连续可调的成品。缺点是体积大、较笨重、效率相对较低。这类稳定电源又有很多种，从输出性质可分为稳压电源和稳流电源及集稳压、稳流于一身的稳压稳流（双稳）电源。从输出值来看可分定点输出式、波段开关调整式和电位器连续可调式几种。从输出指示上可分指针指示型和数字显示式型等。

（2）开关型稳压电源

与线性稳压电源不同的一类稳压电源就是开关型直流稳压电源，它的电路型式主要有单端反激式、单端正激式、半桥式、推挽式和全桥式。它和线性电源的根本区别在于它的变压器不工作在工频上，而是工作在几十千赫兹到几兆赫兹的频率上。功能管工作在饱和区或截止区，即开关状态，开关电源因此而得名。

开关型直流稳压电源的优点是体积小、重量轻、稳定可靠；缺点是相对于线性电源来说纹波较大。直流稳压电源的使用方法如下。

1）开机。首先将电压调节旋钮旋转到最小位置，再将稳流旋钮旋转到最小位置，再将直流稳压电源的电源线插头接到交流电插座上，打开直流稳压电源的开关。

2）调压。旋转稳流旋钮对稳流数值作适当调节。旋转稳压旋钮，根据需要调节电压，电压值一般不要太大。

3）关机。做完实验先将全部的稳压、稳流旋钮旋转到最小位置，再关闭稳压电源开关，最后再拆连接电路所用的导线。

4）直流稳压电源的基本功能

① 输出电压值能够在额定输出电压值以下的任意设定值正常工作。

② 输出电流的稳流值能在额定输出电流值以下的任意设定值正常工作。

③ 直流稳压电源的稳压与稳流状态能够自动转换并有相应的状态指示。

④ 对于输出的电压值和电流值要求精确的显示和识别。

⑤ 对于输出电压值和电流值有精准要求的直流稳压电源，一般要用多圈电位器和电压电流微调电位器，或者直接数字输入。

⑥ 要有完善的保护电路。直流稳压电源在输出端发生短路及异常工作状态时不应损坏，在异常情况消除后能立即正常工作。

6.1.2　电控柜的设计原则

将伺服驱动器、可编程序控制器、滤波器等电气元器件集成到电控柜中，使各电气元器件与机械手本体实现分离，这是针对在运输过程中，电气元器件与机械手本体为一体会出现接线剥落、元器件容易损坏、卸载后又要重新安装的问题而改进设计的。

电控柜可完成对被控对象的集中操作和监视，提高了自动化程度，同时将被控对象的运行状态等信息上传至控制中心。

安装刀开关，使它在整个电源的通断中起到控制作用。

采用自复式熔断器对电路有限流作用，起到了刀开关、熔断器、热继电器和欠电压继电器的组合作用，是一种在电路故障时能自动切断电路的保护元器件。

6.1.3　电气元器件在电控柜中的摆放设计

电气元器件在电控柜中的摆放设计应满足以下要求。

1. 机械结构

外部接插件、显示元器件等安放位置应整齐，特别是板上各种不同的接插件需从机箱后部直接伸出时，更应从三维角度考虑元器件的安放位置。板内部接插件放置上应考虑总装时机箱内线束的美观。

2. 散热

板上有发热较多的元器件时应考虑加散热器甚至风机，并与周围电解电容、晶振等怕热元器件隔开一定的距离；竖放的板子应把发热元器件放置在板的最上面，双面放元器件时底层不得放发热元器件。

3. 电磁干扰

元器件在电路板上排列的位置要充分考虑抗电磁干扰问题。

4. 布线

在元器件布局时，必须全局考虑电路板上元器件的布线，一般的原则是布线最短，应将有连线的元器件尽量放置在一起。

任务 6.2   电控柜的安装与连接

学习任务描述

掌握元器件的安装。

掌握电控柜安装接线方法。

学习任务实施

6.2.1   电控柜安装准备工作

1. 划线打孔

电控柜的口径和数量应按所穿线的数量和防水接头的型号来确定。穿线孔的位置：孔中心到电控柜后板的距离为 50mm，开孔孔距为 70mm。可根据需开孔的数量和电控柜尺寸做适当调整。

用铅笔在电控柜上标出位置，再选用合适的扩孔器在电控柜上打孔，打孔完毕后用锉刀将毛刺修理干净。将电控柜内外的铁屑清理干净。

2. 安装锯齿线槽

线槽又名走线槽、配线槽、行线槽，是用来将电源线、数据线等线材规范地整理、固定在墙上或者天花板上的电工用具。线槽包括一基座和一上盖，如图 6-8 所示。电线置于线槽中不会露在开口外，使上盖可轻易地套盖在基座上。线槽一般有塑料材质和金属材质两种，可以起到不同的作用。

图 6-8   线槽

（1）线槽安装方法及要求

线槽应平整，无扭曲变形，内壁无毛刺，各种附件齐全。

线槽的接口应平整，接缝处应紧密平直。槽盖装上后应平整，无翘角，出线口的位置准确。

线槽经过变形缝时，线槽本身应断开，线槽内用连接板连接，不得固定。

不允许将穿过墙壁的线槽与墙上的孔洞一起抹死。

线槽所有非导电部分的金属均应相互连接和跨接，使之成为一连续导体，并做好整体接地。

当线槽的底板对地距离低于2.4m时，线槽底板和线槽盖板均必须加装保护地线。2.4m以上的线槽盖板可不加保护地线。

线槽经过建筑物的变形缝时，线槽本身应断开，槽内用内连接板搭接，不需固定。保护地线和槽内导线均应留有补偿余量。

固定方法视环境和工具而定，常规用方锤打钢钉固定，用气动的钢钉枪或者电动钉枪固定线槽是较快速的办法。

（2）线槽的安装顺序

先放置四周的锯齿线槽，再放置中间的锯齿线槽，最后进行固定。

3. 安装接线端子

接线端子是为了方便导线的连接而应用的，它其实就是一段封在绝缘塑料里面的金属片，两端都有孔可以插入导线，有螺钉用于紧固或者松开，比如两根导线，有时需要连接，有时又需要断开，这时就可以用接线端子把它们连接起来，并且可以随时断开，而不必把它们焊接起来或者缠绕在一起，很方便快捷，而且适合大量的导线互联。在电力行业就有专门的端子排，端子箱，上面全是接线端子，单层的、双层的、电流的、电压的、普通的、可断的等，如图6-9和图6-10所示。一定的压接面积是为了保证可靠接触，以及保证能通过足够的电流。其主要用途是为了接

图6-9　接线端子型号JTSL－1022

线美观、方便维护；在进行远距离导线之间的连接时，其优点主要是牢靠、施工和维护方便。不同设备之间的电线连接时，也需要端子排，某些插件同样需要端子排。

接线端子应符合的要求：端子排无损坏，固定牢固，绝缘良好。端子应有序号，端子排应便于更换，且接线方便。回路电压超过400V，端子排应有足够的绝缘并涂以红色标志。强电与弱电的端子宜分开布置；应有明显标志，并设有空端子隔开或设加强绝缘的隔板。正负电源之间以及经常带电的正电源与合闸或跳闸回路之间，宜隔开一个空端子。电流回路应经过试验端子，其他需要断开的回路宜经过特殊端子或试验端子。接线端子应与导线截面匹配，不应使用小端子配大截面导线。连接件均应采用铜质，绝缘件采用自熄性阻燃材料。各电气元器件间的端子牌应标注编号，其标注的字迹应清晰、工整且不易脱色，接线端子实物图如图6-11所示。

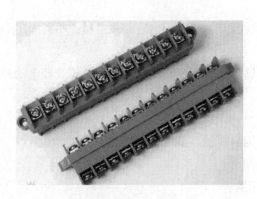

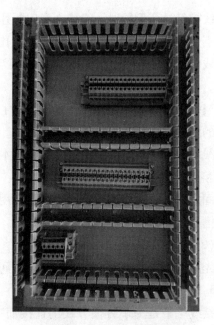

图 6-10　利达电器接线端子型号 JXP – 10/12Z　　　　图 6-11　接线端子实物图

6.2.2　电控柜元器件的安装

1. 安装伺服驱动器

伺服驱动器又称为伺服控制器、伺服放大器，如图 6-12 所示，是用来控制伺服电动机的一种控制器，其作用类似于变频器作用于普通交流电动机，属于伺服系统的一部分，主要应用于高精度的定位系统。一般是通过位置、速度和力矩三种方式对伺服电动机进行控制，实现高精度的传动系统定位。

正确安装伺服驱动器的方法步骤如下：

1）安装位置：室内，要求无水、无粉尘、无腐蚀气体、通风良好。

2）如何安装：垂直安装。

图 6-12　伺服驱动器

将伺服驱动器安装到金属的底板上；如可能，在控制箱内另外安装通风风扇；当驱动器与电焊机、放电加工设备等使用同一路电源，或驱动器附近有高频干扰设备时，应采用隔离变压器和有源滤波器；将伺服驱动器安装在干燥且通风良好的场所；尽量避免受到振动或撞击；尽一切可能防止金属粉尘及铁屑进入驱动器内；安装时确认驱动器固定，不易松动脱落；接线端子必须带有绝缘保护；在断开驱动器电源后，必须间隔 10s 后方能再次给驱动器通电，否则频繁的通断电会导致驱动器损坏；在断开驱动器电源后 1min 内，禁止用手直接接触驱动器的接线端子，否则将会有触电的危险。

当在一个机箱内安装多个驱动器时，为了使伺服驱动器进行良好散热，避免相互间的电磁干扰，建议在机箱内采用强制风冷。

2. 安装 PLC

PLC 是专门为在工业环境下应用而设计的数字运算操作电子系统。它采用一种可编程的存储器，在其内部存储执行逻辑运算、顺序控制、定时、计数和算术运算等操作的指令，通过数字式或模拟式的输入输出来控制各种类型的机械设备或生产过程。

为保证 PLC 工作的可靠性，尽可能地延长其使用寿命，在安装时一定要注意周围的环境，其安装场合应该满足以下几点：

1）环境温度在 0~55℃ 范围内。

2）环境相对湿度应在 35%~85% 范围内。

3）周围无易燃和腐蚀性气体。

4）周围无过量的灰尘和金属微粒。

5）避免过度的振动和冲击。

6）不能受太阳光的直接照射或水的溅射。

除满足以上环境条件外，安装时还应注意以下几点：

1）PLC 的所有单元必须在断电时安装和拆卸。

2）为防止静电对 PLC 组件的影响，在接触 PLC 前，先用手接触某一接地的金属物体，以释放人体所带静电。

3）注意 PLC 机体周围的通风和散热条件，切勿将导线头、铁屑等杂物通过通风窗落入机体内。

（1）PLC 系统的安装

FX 系列 PLC 的安装方法有底板安装和 DIN 导轨安装两种方法。

1）底板安装。利用 PLC 机体外壳四个角上的安装孔，用规格为 M4 的螺钉将控制单元、扩展单元、A/D 转换单元、D/A 转换单元及 I/O 链接单元固定在底板上。

2）DIN 导轨安装。利用 PLC 底板上的 DIN 导轨安装杆将控制单元、扩展单元、A/D 转换单元、D/A 转换单元及 I/O 链接单元安装在 DIN 导轨上。安装时安装单元与安装导轨槽对齐向下推压即可。将该单元从 DIN 导轨上拆下时，需用一字形的螺钉旋具向下轻拉安装杆。

（2）PLC 系统的接线

PLC 系统的接线主要包括电源接线、接地、I/O 接线及扩展单元接线等。

1）电源接线。FX 系列 PLC 使用直流 24V、交流 100~120V 或 200~240V 的工业电源。FX 系列 PLC 的外接电源端位于输出端子板左上角的两个接线端。使用直径为 0.2cm 的双绞线作为电源线。电源电压波动过大可能会使 FX 系列的 CPU 工作异常，以致引起整个控制系统瘫痪。为避免由此引起的事故发生，在电源接线时，需采取隔离变压器等有效措施，且用于 FX 系列 PLC，I/O 设备及电动设备的电源接线应分开连接。

另外，在进行电源接线时还要注意以下几点：

① FX 系列 PLC 必须在所有外部设备通电后才能开始工作。为保证这一点，可采取下面的措施：所有外部设备都上电后再将方式选择开关由"STOP"方式设置为"RUN"方式。将 FX 系列 PLC 编程设置为在外部设备未上电前不进行输入、输出操作。

② 当控制单元与其他单元相接时，各单元的电源线连接应能同时接通和断开。

③ 当电源瞬间掉电时间小于 10ms 时，不影响 PLC 的正常工作。

④ 为避免因失常而引起的系统瘫痪或发生无法补救的重大事故，应增加紧急停车电路。

⑤ 当需要控制两个相反的动作时，应在 PLC 和控制设备之间加互锁电路。

2）接地。良好的接地是保证 PLC 正常工作的必要条件。在接地时要注意以下几点：

① PLC 的接地线应为专用接地线，其直径应在 2mm 以上。

② 接地电阻应小于 100Ω。

③ PLC 的接地线不能和其他设备共用，更不能将其接到一个建筑物的大型金属结构上。

④ PLC 的各单元的接地线相连。

3）控制单元输入端子接线。FX 系列的控制单元输入端子板为两头带螺钉的可拆卸板，外部开关设备与 PLC 之间的输入信号均通过输入端子进行连接。在进行输入端子接线时，应注意以下几点：

① 输入线尽可能远离输出线、高压线及电动机等干扰源。

② 不能将输入设备连接到带 "·" 端子上，"·" 表示不使用的空端子，不能接线。

③ 交流型 PLC 的内藏式直流电源输出可用于输入；直流型 PLC 的直流电源输出功率不够时，可使用外接电源。

④ 切勿将外接电源加到交流型 PLC 的内藏式直流电源的输出端子上。

⑤ 切勿将用于输入的电源并联在一起，更不可将这些电源并联到其他电源上。

4）控制单元输出端子接线。FX 系列控制单元输出端子板为两头带螺钉的可拆卸板，PLC 与输出设备之间的输出信号均通过输出端子进行连接。在进行输出端子接线时，应注意以下几点：

① 输出线尽可能远离高压线和动力线等干扰源。

② 不能将输出设备连接到带 "·" 的端子上。

③ 各 "COM" 端均为独立的，故各输出端既可独立输出，又可采用公共并接输出。当各负载使用不同电压时，可采用独立输出方式；而各个负载使用相同电压时，可采用公共输出方式。

④ 当多个负载连到同一电源上时，应使用型号为 AFP1803 的短路片将它们的 "COM" 端短接起来。

⑤ 若输出端接感性负载时，需根据负载的不同情况接入相应的保护电路。在交流感性负载两端并接 RC 串联电路；在直流感性负载两端并接二极管保护电路；在带低电流负载的输出端并接一个泄放电阻以避免漏电流的干扰。以上保护元器件应安装在距离负载 50cm 以内。

⑥ 在 PLC 内部输出电路中没有熔丝，为防止因负载短路而造成输出短路，应在外部输出电路中安装熔断器或设计紧急停车电路。

3. 安装断路器

断路器如图 6-13 所示，安装断路器的注意事项如下：

1）被保护回路电源线，包括相线和中性线均应穿入零序电流互感器。

2）穿入零序互感器的一段电源线应用绝缘带包扎紧，捆成一束后由零序电流互感器孔的中心穿入。这样做主要是消除由于导线位置不对称而在铁心中产生不平衡磁通的现象。

3）由零序互感器引出的零线不得重复接地，否则在三相负荷不平衡时生成的不平衡电流，不会全部从零线返回，而是有部分由大地返回，因此通过零序电流互感器电流的向量和便不为零，二次线圈有输出，可能会造成误动作。

4）每一保护回路的零线，均应专用，不得就近搭接，不得将零线相互连接，否则三相的不平衡电流，或单相触电保护器相线的电流，将有部分分流到相连接的不同保护回路的零线上，会使两个回路的零序电流互感器铁心产生不平衡磁动势。

5）断路器安装好后，通电，按试验按钮试跳。

图 6-13　断路器实物图

4. 安装开关电源

先要统计一下用电设备所需要的电压等级与功率，选择开关电源。

从左到右，从上到下，按照电路电气元器件的顺序安装。因此电源应安装在电控柜的左上方。

5. 安装继电器、风扇、熔丝

（1）继电器的安装

1）安装方向。正确的安装方向对于实现继电器最佳性能非常重要。耐冲击理想的安装方向是使触点和可动部件（衔铁部分）以运动方向与振动或冲击方向垂直，特别是常开触点在线圈未激励时，其抗振动、冲击性能很大程度上受继电器安装方向的影响。触点可靠性好的继电器的安装方向应使其触点表面垂直，以防止污染和粉尘落入触点表面，而且不适宜在一个继电器上同时转换大负载和低电平负载，否则会互相影响。

当需要许多只继电器紧挨着安装在一起时，由于产生的热量叠加，可能会导致高温，所以，安装时彼此间应有足够的间隙（一般为 >5mm），以防止热量累积。无论如何，应确保继电器的环境温度不超过样本规定温度。

2）使用插座。当使用插座时，应保证插座安装牢固，继电器引脚与插座接触可靠，安装孔与插座配合良好，并正确使用插座及继电器安装支架。

连接引线的选择。如需要用引线连接继电器，应按照其负载大小，选取适当截面积的引线。

3）清洗工艺。应避免对非塑封继电器进行整体清洗，塑封式继电器的清洗应采用适当的清洗剂，建议使用氟利昂或酒精；应尽量避免使用超声波清洗，是因为超声频率的谐波会使触点产生摩擦焊（冷焊）并可能使触点卡死。在清洗和干燥后，应立即进行通风处理，使继电器降至室温。

4）运输和安装。继电器是一种精密机械，因此对运输方式非常敏感，在制造过程中已采用了许多方法使继电器在运输过程中得到最好的保护，因此在进厂检验以及用户以后的使用安装中，不要破坏继电器的初始性能，此外还应注意以下几点：为防止引出端表面污染，不应直接接触引出端，否则，可能导致可焊性下降。引出端的位置应与印制电路板的孔位吻合，任何配合不当都可能造成继电器产生危险的应力，损害其性能和可靠性，请按照样本中的安装尺寸配孔。应注意监测存储温度，尽量避免继电器存储时间过长（建议不超过三个月）。继电器应在洁净的环境中存储和安装。

（2）风扇的安装

风扇冷却模块是电控柜中不可或缺的组成部分，它起着控制机柜内温度、冷却设备的重要作用。

在电气柜机柜设计过程中，通常考虑以下几点：

1）电气柜和主设备箱体通常采用分体式或电气柜内置式结构。

2）电气柜通常采用自然通风设计，不要忘记加防尘网，过滤网，防护等级较主设备箱体较低。

3）主设备箱体防护等级较高，设计时要充分考虑机柜的密封性。

如果工作现场的环境比较理想，没有粉尘、油雾、水汽等影响柜内的各元器件正常工作的，可采用进气口装风扇（轴流风机），排气口有可能的话加装一个装饰板，进气口为了安全和美观，可以在外面加装一个风机装饰板。

如果工作现场的环境不理想，含有粉尘、油雾、水汽等影响电气控制柜内的各元器件正常工作的，那就应该在进气口选用过滤风扇，在排气口选用过滤栅，以防止粉尘、油雾、水汽等进入电气控制柜内。

散热的方式有辐射散热、传导散热、对流散热和蒸发散热。在电控柜中主要采用对流散热方式，在电控柜的两侧安装了两台操作者可以控制启停的散热器。其一是能实现与电控柜外部的空气进行交换。其二是当预定工作时间不长时，电控柜可以自身进行辐射，传导散热，缓解散热，这时操作者可以考虑关闭风扇，实现节能。

（3）安装熔丝

安装熔丝的正确方法如下：

1）固定熔丝应加平垫片。

2）熔丝端头绕向应与螺钉旋转方向一致，而且熔丝端头绕向不重叠。

3）固定熔丝的螺钉不要拧得过紧或过松，以接触良好又不损伤熔丝为佳。

4）当一根熔丝容量不够，需要多根并联使用时，彼此不能绞扭在一起，且应计算好熔丝的大小。

5）不要将熔丝拉得过紧或过于弯曲，以稍松些为好。

6.2.3　电控柜连接

1. 电控柜内电路接线配线应符合的要求

按图施工，接线正确。

导线与电气元器件间采用螺钉连接、插拔或压接线等均应牢固可靠。

电控柜内的导线不应有接头，导线线芯应无破损伤。

每个接线端子的每侧接线宜为 1 根，不得超过 2 根。

对于插拔式接线端子，不同截面的两根导线不得接在同一接线端子上；对于螺钉式接线端子，当接两根导线时，中间应加平垫片。

电路接地应设专用螺栓。

动力配线电路采用电压不低于 500V 的铜心绝缘导线，在满足载流量和电压降及有足够机械强度的情况下，可采用截面不小于 $0.5mm^2$ 的绝缘导线。

2. 连接可动部位的导线应符合的要求

对连接门上的电器、控制台板等可动部位的导线应符合下列规定：

1）应采取多股软导线，敷设长度应有适当余量。

2）线束应有外套塑料管等加强绝缘层。

3）与电器连接时，端部就终端紧固附件绞紧，不得松散、断股。

4）在可动部位两端用卡子固定。

3. 引入电控柜电缆应符合的要求

引入电控柜的电缆，应符合下列要求：

引入电控柜内的电缆应排列整齐，编号清晰，避免交叉，固定牢固，不得使所接的端子排受机械力。

电缆在进入电控柜后，应该用卡子固定和扎紧，并应接地。用于静态保护、控制等逻辑回路的控制电缆，应采用屏蔽。其屏蔽层应按设计要求的接地方式接地。

橡胶绝缘的芯线应外套绝缘管保护。电控柜内的电缆芯线应按垂直或水平有规律的配置，不得任意歪斜，交叉连接。备用芯线长度应有适当裕度。

强弱电回路不应使用同一根电缆，并应分别成束分开排列。

直流回路中有水银接点的电器，电源正极应接到水银侧接点的一端。

在油污环境中，应采用耐油的绝缘导线，橡胶或塑料绝缘导线应采取防护措施。

4. 检查电控柜

电控柜装配完，应按下列要求进行检查：

电控柜的固定极接地应可靠，电控柜漆层应完好，清洁、整齐。

电控柜内安装电气元器件应齐全完好，安装位置正确，固定牢固。

电控柜内接线应准确，连接可靠，标志齐全清晰，绝缘符合要求。

电控柜门锁可靠。

电控柜冷却、照明装置齐全。

电控柜的安装质量验收要求应符合国家现行有关标准规范的规定。

电控柜应有防潮、防尘和耐热性能，按国家现行标准要求验收。

电控柜内及管道安装完成后，应作好封堵。

操作及联动试验，符合设计要求。

5. 电线电缆安装前检查

电线电缆安装前检查：

电缆型号、规格、长度、绝缘强度、耐热、耐压、正常工作负/加载流量、电压降、最小截面面积、机械性能应符合技术要求。

电缆外观不应受损。

电缆封装严密。

6. 接线配线检查

接线配线，应按下列要求进行检查：

接线配线规格应符合规定；排列整齐，无机械损伤；标志牌应装设齐全、正确、清晰。

电缆的固定、弯曲半径、有关距离和单芯电力电缆的金属护层的接线、相序排列等应符合要求。

电缆终端、电缆接头应安装牢固，接触良好。

接地应良好；接地电阻应符合设计。

电缆终端的相色应正确，电缆支架等的金属部件防腐层应完好。

电缆内应无杂物，盖板齐全。

连接牢固，没有意外松脱的风险。

接线标志与图纸一致。

电缆识别标记应清晰、耐久。

电缆铺设应无接头。

电缆颜色区别与图纸一致。

引出电控柜的控制线应用插头、插座。

7. 连线时要做到以下六个"注意"

（1）注意顺序

所谓的顺序是指按照给定的电路图中元器件的顺序连接实物图，在连接实物图的过程中各个元器件的顺序不能颠倒。一般的器件顺序：电源正极→开关→用电器→电源负极。

（2）注意量程

电路中若有电表，须注意选择电表的量程，不要造成量程不当。如果电源是两节干电池，则电压表的量程为3V，再根据其他条件估算电路中的最大电流，确定电流表的量程。

（3）注意正负

由于电表有多个接线柱且有正负接线柱之分，我们要在正确选择量程的基础上，看准是用正接线柱还是负接线柱，保证电流从电流表和电压表的正接线柱流进，从负接线柱流出。

（4）注意交叉

根据电路图连接实物图时，一般要求导线不能交叉，注意合理安排导线的位置，力求画出简洁、流畅的实物图。

（5）注意符号

根据实物图画电路图时，电路中的各个电气元器件一定要用统一规定的物理符号。

（6）注意连接

根据实物图画电路图时，电路要画得简洁、美观、整齐，导线应注意横平竖直，导线与元器件间不能断开。

思考与练习

1. 压线钳的用途是什么？

2. 剥线钳的作用是什么？

3. 简述用电烙铁进行焊接的步骤。

4. 工业机器人控制系统的基本组成有哪些？各自起什么作用？

5. 电控柜连线时需要注意什么？

6. 电控柜接线配线需要做哪些检查？

项目 7　工业机器人现场的安装

知识点

　　掌握工业机器人电控柜的运输与固定方法。

　　掌握工业机器人电气连接方法。

技能点

　　能进行电控柜的运输、安装与电气连接。

任务 7.1　工业机器人电控柜的运输与固定

学习任务描述

　　掌握工业机器人电控柜的运输与固定方法。

学习任务实施

7.1.1　工业机器人电控柜的运输

　　电控柜内部元器件接线完成后，需要将电控柜搬运到合适位置。小型的电控柜可以直接搬运到合适位置。标准型电控柜需要采用吊运或是叉车搬运的方式。

1. 用运输吊具运输

　　吊运一般是在电控柜的上面安装有吊环，方便吊运使用。吊运时吊运的角度设定为 60° 最为合适。用运输吊具运输的步骤见表 7-1。

表 7-1　用运输吊具运输的步骤

序号	步骤	图　示
1	按照图中的吊装方式，将电控柜移动到安装的位置	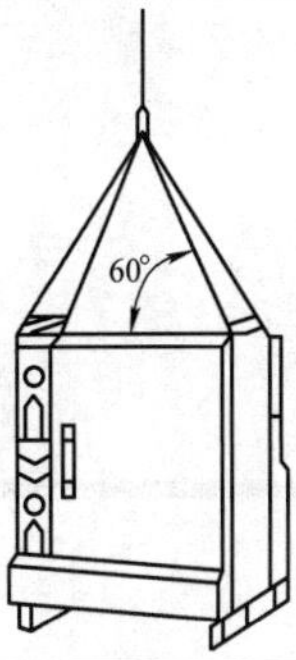
2	按照图中的位置要求，对机器人的安装位置进行布置	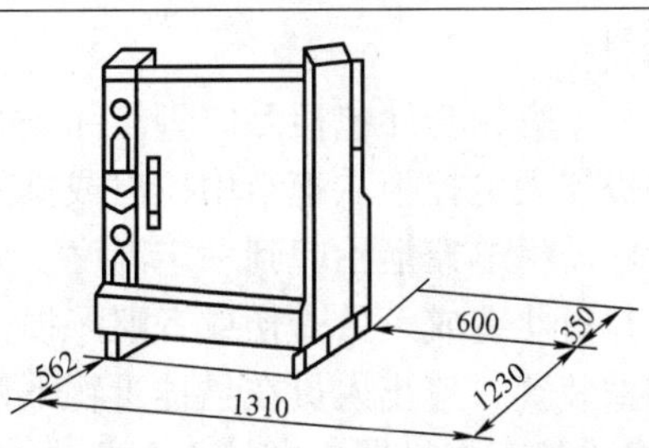

（续）

序号	步骤	图 示
3	A 和 B 为示教器的安装方式。C 和 D 为示教器电缆架子的安装方式	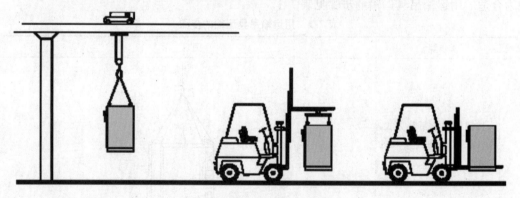

2. 用叉车运输

用叉车运输电控柜应根据电控柜的实际大小采用不同的搬运方式，如图 7-1 所示。为了保证电控柜搬运过程中的安全，在采用叉车搬运时，必须对控制柜加以固定。搬运控制柜时，只能从控制柜的正面或背面进叉车，并注意控制柜下部的接插口。叉车搬运时，如果外部包装有底板，可以直接使用外部包装的底板进行搬运。

（1）使用叉车搬运控制柜应遵守的防范措施

1）注意搬运过程中搬运者与他人的人身安全。

2）确认控制柜底部接插件已取下。若未取下，搬运过程中会有损坏的风险。

3）确认叉车宽度与控制柜底座宽度的大小关系。

4）确认作业环境的安全，保证控制柜能被安全地搬运到安装场地。

5）搬运过程中应尽量放低控制柜的高度，并避免电控柜倾倒和移动。

图 7-1　用叉车运输电控柜

（2）脚轮套件

如图 7-2 所示，脚轮套件包括万向脚轮和支撑梁，装在机器人电控柜支座或叉孔处。脚轮套件有助于将机器人电控柜从柜组中拉出或推入。

安装脚轮套件需将电控柜抬起到一定高度。如果重物固定不充分或者起重装置失灵，则重物可能坠落，并由此造成人员受伤或者财产损失。应检查吊具是否正确固定并且使用具备足够承载力的起重装置；禁止人员在悬挂重物下停留。安装脚轮套件操作步骤如下：

1）用起重机或叉车将机器人电控柜至少升起 40cm。

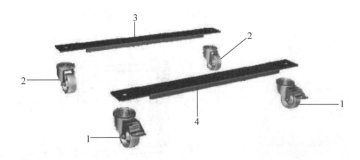

图 7-2　脚轮套件

1—带刹车的万向脚轮·2—不带刹车的万向脚轮　3—后横向支撑梁　4—前横向支撑梁

2）在机器人控制系统控制箱的正面放置一个横向支撑梁。横向支撑梁上的侧板朝下。

3）将一个内六角螺栓由下穿过带刹车的万向脚轮、横向支撑梁和机器人控制系统。

4）从上面用螺母将内六角螺栓连同平垫圈和弹簧垫圈拧紧，如图 7-3 所示。

5）以同样的方式将第二个带刹车的万向脚轮安装在机器人控制系统正面的另一侧。

6）以同样的方式将两个不带刹车的万向脚轮安装在机器人控制系统的背面，如图 7-4 所示。

7）将机器人控制系统控制箱重新置于地面上。

图 7-3　脚轮的螺纹联接件

1—机器人控制系统控制箱　2—螺母

3—弹簧垫圈　4—平垫圈　5—横向支撑梁

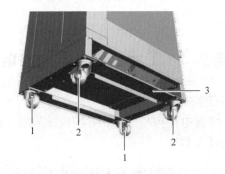

图 7-4　脚轮套件安装

1—不带刹车的万向脚轮

2—带刹车的万向脚轮　3—横向支撑梁

7.1.2　工业机器人电控柜的固定

电控柜运输后，需要固定放置。对电控柜的放置空间有一定的要求。

1）必须直立地储放、搬运和安装置放电控柜。多个电控柜放置时注意间隔一定距离，以免通风口排热不畅。如图 7-5 所示。

2）某电控柜的放置尺寸如图 7-6 所示，尽量按照放置尺寸安装电控柜的位置，这样可以保证良好的散热，且检查维修方便。

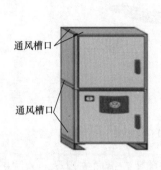

图 7-5　电控柜

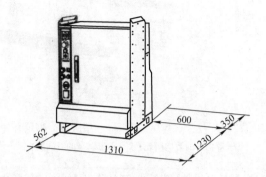

图 7-6　电控柜放置尺寸图

3）开柜门的一侧为柜门活动预留一定空间，柜门可以打开 180°，以方便内部元器件的维修更换。在其后方也要预留一定位置，是为背面板打开后维修更换元器件所预留。

4）当机器人工作环境振动较大或电控柜离地放置时，还需将电控柜固定于地面或工作台上。

5）放置后要打开电控柜，检查安装板，电力部件及伺服驱动器等有无在运输中造成松动，如有松动，应重新固定各元器件。还要检查电缆有无松动，如有松动，应重新连接相应电缆。

任务 7.2　工业机器人本体和电控柜的接线与安装

学习任务描述

掌握电控柜与本体、外围设施的电气连接。

学习任务实施

7.2.1　工业机器人本体和电控柜的连接

机器人与电控柜之间的电缆用于机器人电动机的电源和控制装置，以及编码器接口板的反馈，连接包括与机器人本体的连接和与电源连接。电气连接插口因机器人型号不同而略有差别，但是大致是相同的，如图 7-7 所示。ABB 机器人配备的标准电缆套件包含机器人动力电缆和机器人编码器信号电缆。

电缆两端均采用重载连接器方式进行连接，但两端的重载连接器出线方式，线标方式均不同，连接的接插件也不同。出线方式分侧出式和中出式。重载连接器出线方式为侧出的一端接于电控柜，如图 7-8 所示，重载连接器出线方式为中出式的一端接至机器人本体上，如图 7-9 所示。使用时，将其连接到电控柜或机器人本体，连接时分清电缆的两端，以防接错，损坏电缆。两根电缆采用的重载连接器的插芯是不同的，使用时根据重载连接器的插芯进行区分。

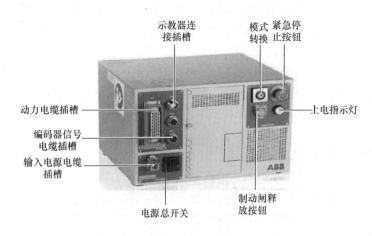

图 7-7　示教器

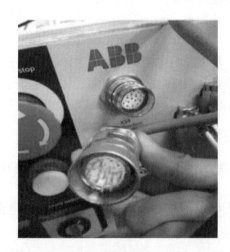

图 7-8　示教器连接插口

图 7-9　机器人本体连接图

电控柜与示教器通过专用电缆进行连接，如图 7-10 所示。电缆的一端接在示教器侧面接口处，可以热插拔。电缆的另一端接在电控柜面板上的示教器连接插槽内。

7.2.2　工业机器人外围设施的电气连接

1. 机器人气源接口的安装

末端执行器如果使用气动部件，需要连接气路。末端执行器如果使用电气控制，需要在机器人本体上走线。在多功能工作站中的 IRB120 机器人本体上安装抓爪需要连接气路，机器人本体上提供了气路接口，位于

图 7-10　示教器专用电缆

底座与机器人上臂，接口处是螺纹气管接头，需要使用快插接头来连接。

底座上的气源输送插口通过 PE 气管与电磁阀相连接，电磁阀与继电器通过信号的控

制，可以将压缩空气通过本体内部的气管输送到上臂的气源输送孔，再将抓爪与输送孔用气管相连，将气源输送给抓爪，来实现抓爪的打开及闭合。

连接 PE 气管的具体操作如下：

① 将快插接头安装在底座气源插口上，再将气管插入到底座的气源插孔内。

② 将快插接头拧到手臂上的气源插口上。

③ 剪裁一段长度适合抓爪与气源输送孔之间距离的 PE 气管，然后一端插入到手臂上的输送插口。

④ 在抓爪的气源接口拧入快插接头。

⑤ 将 PR 气管的另一端插入到抓爪的快插接头内。

⑥ 最后将 PE 气管用扎带固定，使其不会影响到机器人的运动。

这样就完成了机器人末端执行器气源的连接，接下来进行气路检测。

给空气压缩机上电，开启空气压缩机，打开滑阀，三联件开始会发出吱吱响声，等达到一定的压力后响声自动消失。使用一字小螺钉旋具旋转电磁阀上的旋钮，对应的气缸就会动作，如果气缸的工作出现错误，更换电磁阀上的气管即可。

2. 电控柜电源线的连接

除了机器人与电控柜之间的电缆之外，还需要用电缆将电控柜与电源连接起来。电源接插件一边是将电缆接入外部保护断路器中，另一边是连接在电控柜上，然后通过两边的航空插头连接。

思考与练习

1. 以 ABB 机器人为例，将机器人本体和电控柜连接在一起，连接电缆的走线。将动力线、编码器线和电控柜电源线进行连接。

2. 硬件连接线全部连接完毕后，需要进行上电前的检测，完成工业机器人上电前的检测。

模块四　工业机器人调试运行与维护保养

项目8　工业机器人系统的调试

知识点

掌握工业机器人电气控制系统上电前的安全检查项目与方法。

掌握常用电路检测工具的使用方法。

技能点

能正确进行设备电气控制系统上电前的检查工作。

能对工业机器人进行试运行。

能进行试运行检测工作。

任务8.1　工业机器人通电前的检查及示教器的配置

学习任务描述

学会进行上电前的检查，检查无误后才能对工业机器人通电。

能在通电后对相关参数进行设置，保证工业机器人的正常运行。

学习任务实施

8.1.1　常用检查工具的使用

1. 万用表

万用表是一种带有整流器的，可以测量交/直流电流、电压及电阻等多种电学参量的磁电式仪表。对于每一种电学参量，一般都有几个量程，因此万用表又称多用电表或多用表。万用表是由电磁系电流表、测量电路和选择开关等组成。通过选择开关的变换，可方便地对多种电学参量进行测量。其电路计算的主要依据是闭合电路欧姆定律。其外观如图8-1所示。

（1）万用表的结构组成

1）表头。万用表的表头通常有指针式和数字式两种。

a)　　　　　　　　b)

图8-1　万用表

指针式表头是一只高灵敏度的磁电式直流电流表，万用表的主要性能指标基本上取决于表头的性能。表头的灵敏度指表头指针满刻度偏转时流过表头的直流电流值，这个值越小，表头的灵敏度越高。测电压时的内阻越大，其性能就越好。表头上有 4 条刻度线，它们的功能如下：第一条标有 R 或 Ω，指示的是电阻值，转换开关在欧姆档时，即读此条刻度线；第二条标有 ~ 和 VA，指示的是交、直流电压和直流电流值，当转换开关在交、直流电压或直流电流档，量程在除交流 10V 以外的其他位置时，即读此条刻度线；第三条标有 10V，指示的是 10V 的交流电压值，当转换开关在交、直流电压档，量程在交流 10V 时，即读此条刻度线。

数字式表头一般由一只 A/D 转换芯片、外围元件、液晶显示器组成，所测量的数值直接显示在液晶显示器上。

2）选择开关。万用表的选择开关是一个多档位的旋转开关。用来选择测量项目和量程。

一般的万用表测量项目包括："mA"——直流电流、"V（－）"——直流电压、"V（~）"——交流电压、"Ω"——电阻。每个测量项目又划分为几个不同的量程以供选择。

3）表笔和表笔插孔。表笔分为红、黑表笔。使用时应将红表笔插入标有 " ＋ " 号的插孔，黑表笔插入标有 " － " 号的插孔。

（2）数字万用表的使用

数字万用表可以用来测量直流和交流电压，直流和交流电流、电阻、电容、电路通断等，如图 8-2 所示。数字万用表电路设计以大规模集成电路 A/D 转换器为核心，并配以全过程过载保护电路，是电工的必备工具之一。

1）操作前的注意事项。将 ON/OFF 开关置于 ON 的位置，打开万用表。如果显示 BAT 字样，则说明电池电压不足，应更换电池；如未出现，则按以下步骤进行。

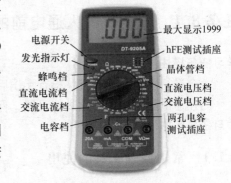

图 8-2　数字万用表

① 使用前应熟悉万用表各项功能，根据被测量，正确选用档位、量程及表笔插孔。

② 在被测数据大小不明确时，应先将量程开关置于最大值，而后由大量程往小量程切换。

③ 测量电阻时，应选择适当的倍率档位，以保证测量结果准确。如发出低电压报警，则应及时检查。

④ 在测量某电路电阻时，必须切断被测电路的电源，不得带电测量。

⑤ 万用表使用完毕，应将转换开关置于交流电压的最大档。如果长期不使用，还应将万用表内部的电池取出，以免电池腐蚀表内其他元器件。

2）电压的测量。

① 直流电压的测量。如图 8-3 所示，首先将黑表笔插进 "COM" 孔，红表笔插进 "VΩ" 孔。把旋钮旋到比估计值大的量程，接着把表笔接电源或电池两端，保持接触稳定，数值可以直接从显示屏上读取。

如果显示为"1."，则表明所选量程太小，应加大量程后再测量。

如果不知道电压范围，应先将选择开关置于最大量程，根据测量结果逐渐降低量程范围。

如果在数值左边出现"−"，则表明表笔极性与实际电源极性相反。

② 交流电压的测量。表笔插孔与直流电压的测量一样，不过应该将旋钮旋到交流档"V~"所需的量程。交流电压无正负之分，测量方法跟前面相同。无论测交流还是直流电压，都要注意人身安全，不要随意用手触摸表笔的金属部分。

图 8-3　直流电压测试图示

注：直流电压测试时，新电池电压偏高，

超过 10V 属正常现象

3）电流的测量。万用表的电流档分为交流档和直流档。测量电流时，必须将旋钮选在相应的档位才能测量。

首先将黑表笔插入"COM"孔。若测量大于 200mA 的电流，则要将红表笔插入"10A"插孔并将旋钮旋到直流"10A"档；若测量小于 200mA 的电流，则将红表笔插入"200mA"插孔，将旋钮旋到直流 200mA 以内的合适量程，调整好后，就可以测量了。将万用表串进电路中，保持稳定，即可读数。

若显示为"1."，则要加大量程。

如果在数值左边出现"−"，则表明电流从黑表笔流进万用表。

表笔插孔上显示最大输入电流为 10A，如果测量电流大于该值，万用表熔断器将被烧坏。

交流电流的测量：测量方法与直流电流相同，不过档位应该旋到交流档位。

电流测量完毕后应将红表笔插回"VΩ"孔，若忘记这一步直接测电压，万用表将损坏。

4）电阻的测量。将表笔插进"COM"和"VΩ"孔中，把旋钮旋到所需的量程，表笔接在电阻两端金属部位，测量过程中可以用手接触电阻，但不要把手同时接触电阻两端，这样会影响测量准确度。人体是电阻很大的导体。读数时，要保持表笔和电阻有良好的接触。注意单位，在"200"档位时单位是"Ω"，在"2k～200k"档位时单位为"kΩ"，"2M"以上的单位是"MΩ"。

2. 试电笔

试电笔也叫测电笔，简称电笔，是一种电工工具，用来测量电线中是否带电，如图 8-4 所示。笔体中有一氖泡，测试时如果氖泡发光，则说明导线有电或为通路的火线。试电笔中笔尖、笔尾由金属材料制成，笔杆由绝缘材料制成。

图 8-4　试电笔

（1）试电笔使用注意事项

1）一定要用手触及试电笔尾端的金属部分，否则，因带电笔、试电笔、人体与大地没有形成回路，试电笔中的氖泡不会发光，造成误判，认为带电体不带电。

2）在测量电气设备是否带电之前，先要找一个已知电源测一测试电笔的氖泡能否正常发光。可以正常发光时，才能使用。

3）在明亮的光线下测试带电体时，应特别注意氖泡是否真的发光，必要时可用另一只手遮挡光线仔细判别。千万不要造成误判，将氖泡发光判断为不发光，将有电判断为无电。

（2）试电笔的使用（图8-5）

1）判定交流电和直流电口诀：电笔判定交直流，交流明亮直流暗，交流氖管通身亮，直流氖管亮一端。

说明：使用低压验电笔之前，必须在已确认的带电体上验测，在未确认验电笔正常之前，不得使用。判别交、直流电时，最好在"两电"之间作比较，这样就很明显。测交流电时氖管两端同时发亮，测直流电时氖管里只有一端极发亮。

2）判定直流电正负极口诀：电笔判定正负极，观察氖管要心细，前端明亮是负极，后端明亮为正极。

说明：氖管的前端指验电笔笔尖一端，氖管后端指手握的一端，前端明亮为负极，反之为正极。

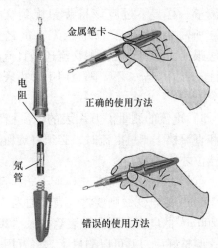

图8-5　试电笔使用示意图

测试时要注意，电源电压为110V及以上，若人和大地绝缘，一只手摸电源任一极，另一只手持验电笔，电笔金属头触及被测电源另一极，氖管前端发亮，所测触的电源是负极；若是氖管的后端发亮，所测触的电源是正极，这是根据直流单向流动和电子由负极向正极流动的原理。

3）判定直流电源有无接地和正负极接地的区别口诀：变电所直流系数，电笔触及不发亮；若亮靠近笔尖端，正极有接地故障；若亮靠近手指端，接地故障在负极。

说明：发电厂和变电所的直流系统，是对地绝缘的，人站在地上，用验电笔去触及正极或负极，氖管是不应当发亮的，假如发亮，则说明直流系统有接地现象；假如在靠近笔尖的一端发亮，则是正极接地；假如在靠近手指的一端发亮，则是负极接地。

4）判定同相和异相口诀：判定两线相同异，两手各持一支笔，两脚和地相绝缘，两笔各触一根线，用眼观看一支笔，不亮同相亮为异。

说明：此项测试时，切记两脚和地必须绝缘。因为我国大部分是380/220V供电，且变压器普遍采用中性点直接接地，所以做测试时，人体和大地之间一定要绝缘，避免构成回路，以免误判定；测试时，两笔亮或不亮显示一样，故只看一支则可。

5）判定380/220V三相三线制供电线路相线接地故障口诀：星形接法三相线，电笔触及两根亮，剩余一根亮度弱，该相导线已接地；若是几乎不见亮，金属接地有故障。

说明：电力变压器的二次侧一般都接成Y形，在中性点不接地的三相三线制系统中，用验电笔触及三根相线时，有两根比通常稍亮，而另一根上的亮度要弱一些，则表示这根亮度弱的相线有接地现象，但还不太严重；假如两根很亮，而剩余一根几乎看不见亮，则是这根相线有金属接地故障。

8.1.2　电气控制系统通电前的检查

在工业机器人第一次电气控制系统连接完毕后，第一次上电时，为保证人身与设备的安全，必须进行必要的安全检查。

1. 设备外观的检查

第一次上电前，首先需要检查设备的外观有无问题，主要检查内容有：

1）打开电控柜，检查继电器、接触器、伺服驱动器等电气元器件安装有无松动现象，如有松动应恢复正常状态，有锁紧机构的接插件一定要锁紧，以防存在安全隐患。

2）检查电气元器件接线有无松动与虚接，有锁紧机构的一定要锁紧。

2. 电气连接情况检查

（1）电气连接情况的检查

通常分为三类：短路检查、断路检查和对地绝缘检查。检查的方法可用万用表逐条进行检查，这样花费时间长，但检查结果准确完整。

（2）电源极性与相序的检查

对于直流用电器需要检查供电电源的极性是否正确，否则可能会损坏设备。对于伺服驱动器需要检查动力线输入与动力线输出连接是否正确，如果把电源动力线接到伺服驱动器动力输出接口上，将严重损坏伺服驱动器。对于伺服电动机，要检查接线的相序是否正确，连接错误将导致电动机不能运行。

（3）电源电压检查

电源正常是设备正常工作的重要前提，因此在设备第一次通电前一定要对电源进行检查，以防止电压等级超过用电设备的耐压等级。检查的方法是先把各级低压断路器都断开，然后根据电气原理图，按照先总开关、再支路开关的顺序依次闭合，一边上电一边检查，检查输入电压与设计电压是否一致。主要检查变压器的输入/输出电压与开关电源的输入/输出电压。

（4）I/O 检查

I/O 检查包括 PLC 的输入/输出、继电器、电磁阀回路检查，传感器检测，按钮、行程开关回路检查。

（5）认真检查设备的保护接地线

机电设备要有良好的地线，以保证设备、人身安全并减少电气干扰，伺服单元、伺服变压器和强电柜都要连接接地保护线。

8.1.3　工业机器人示教器的配置

示教器启动后，进入到主界面。单击 ABB 菜单，在系统设置栏可进行系统设置，包括语言设置、日期设置和时间设置等。

1. 认识示教器——配置必要的操作环境

操作工业机器人首先就必须和机器人的示教器打交道。示教器是进行机器人的手动操纵、程序编写、参数配置以及监控用的手持装置，也是最常打交道的机器人的控制装置。

在示教器上，绝大多数的操作都是在触摸屏上完成的，同时也保留了必要的按钮与操作装置，如图 8-6 所示。

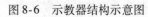

A 是示教器与电控柜之间的连接电缆；

B 是触摸屏；

C 是急停开关；

D 是手动操纵杆；

E 是数据备份与恢复用 USB 接口（可插 U 盘/移动硬盘等存储设备）；

F 是使能按钮。

在了解了示教器的构造后，来看看如何正确手持示教器。

图 8-6　示教器结构示意图

将示教器放在左手上，然后用右手进行屏幕和按钮的操作。使能按钮位于示教器手动操作摇杆的右侧。操作者应用左手的四个手指进行操作，如图 8-7 和图 8-8 所示。

图 8-7　手持示教器方式　　　　图 8-8　操作示教器的方式

示教器使能按钮分为两档，在手动状态下第一档按下去，机器人将处于电动机开启状态。

第二档按下去后，机器人就会处于防护装置停止状态。

使能按钮是工业机器人为保证操作人员人身安全而设置的。只有在按下使能按钮，并保持在"电动机开启"的状态下，才可以对机器人进行手动操作与程序调试。当发生危险时，人会本能地将使能按钮松开或按紧，机器人就会马上停下来，保证安全。

2. 示教器操作界面功能

（1）操作界面

ABB 机器人示教器的操作界面包含机器人参数设置、机器人编程以及系统相关设置等功能，如图 8-9 和图 8-10 所示。比较常用的选项包括输入输出、手动操纵、程序编辑器、程序数据、校准和控制面板，操作界面各选项说明见表 8-1 和表 8-2。

图 8-9　示教器主界面

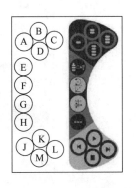

图 8-10　示教器操作按键

表 8-1　示教器按键定义表

符号	定　义
A ~ D	预设键 1 ~ 4
E	选择机械单元
F	切换运动模式，重定向或线性
G	切换运动模式，轴 1 - 3 或 4 - 6
H	切换增量
J	步退按钮
K	启动按钮，开始执行程序
L	步进按钮，按下此按钮，可使程序前进至下一条指令
M	停止按钮，停止程序执行

表 8-2　操作界面各选项说明

选项名称	说　明
HotEdit	程序模块下轨迹点位置的补偿设置窗口
输入输出	设置及查看 I/O 视图窗口
手动操纵	动作模式设置、坐标系选择、操纵杆锁定及载荷属性的更改窗口，也可显示实际位置
自动生产窗口	在自动模式下，可直接调试程序并运行
程序编辑器	建立程序模块及例行程序的窗口
程序数据	选择编程时所需程序数据的窗口
备份与恢复	可备份和恢复系统
校准	进行转数计数器和电动机校准的窗口
控制面板	进行示教器的相关设定
事件日志	查看系统出现的各种提示信息
资源管理器	查看当前系统的系统文件
系统信息	查看控制器及当前系统的相关信息

（2）控制面板

ABB 机器人的控制面板包含对机器人和示教器进行设定的相关功能，如图 8-11 所示，各选项说明见表8-3。

图 8-11　ABB 机器人控制面板

表 8-3　控制面板各选项说明

选项名称	说　　明
外观	自定义显示器的亮度和设置左手/右手的操作习惯
监控	动作碰撞监控设置和执行设置
FlexPendant	示教器操作特性的设置
I/O	配置常用I/O列表，在输入输出选项中显示
语言	控制器当前语言的设置
ProgKeys	为指定的输入输出信号配置快捷键
日期和时间	控制器的日期和时间设置
诊断	创建诊断文件
配置	系统参数设置
触摸屏	触摸屏重新校准

3. 设定示教器的显示语言与时间

（1）示教器的语言设置

示教器出厂时，默认的语言为英语，为方便操作，需将界面设置为中文，表8-4列出了设置语言的操作步骤。

表 8-4　示教器语言设置步骤

序号	步骤说明	图　　片
1	单击示教器左上角的主菜单按钮，然后选择"Control Panel"选项	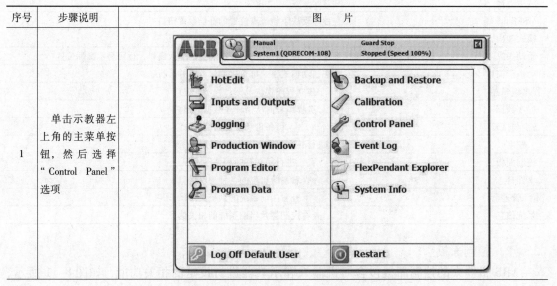

（续）

序号	步骤说明	图　片
2	在"Control Panel"中单击选择"Language"选项	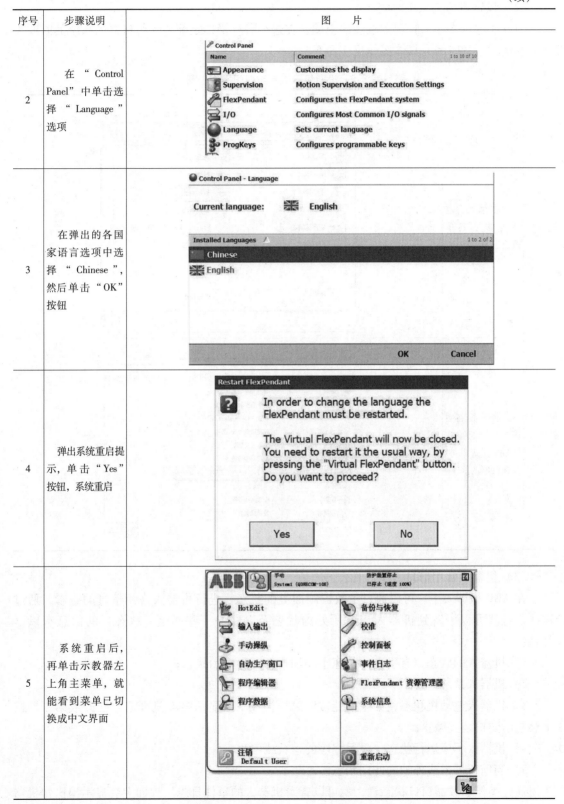
3	在弹出的各国家语言选项中选择"Chinese"，然后单击"OK"按钮	
4	弹出系统重启提示，单击"Yes"按钮，系统重启	
5	系统重启后，再单击示教器左上角主菜单，就能看到菜单已切换成中文界面	

（2）设定机器人系统时间

为方便进行文件的管理和故障的查阅，在进行各种操作之前要先将机器人系统的时间设定为本地时区的时间，具体操作见表8-5。

表8-5　设定机器人系统时间操作步骤

序号	步骤说明	图　片
1	单击示教器左上角的主菜单按钮	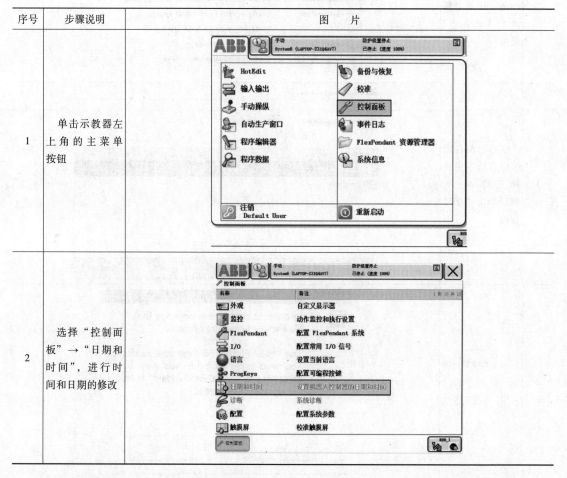
2	选择"控制面板"→"日期和时间"，进行时间和日期的修改	

（3）机器人常用信息与事件日志的查看

在ABB机器人中，可以通过示教器画面上的状态栏进行机器人常用信息的查看，通过这些信息就可以了解到机器人当前所处的状态及存在的一些问题。状态栏的信息有以下几种：

1）机器人的状态，有手动、全速手动和自动三种显示状态；

2）机器人系统信息；

3）机器人电动机状态，如果使能按钮第一档按下会显示电动机开启，松开或第二档按下会显示防护装置停止；

4）机器人程序运行状态，显示程序的运行或停止；

5）当前机器人或外轴的使用状态。

通过操作示教器窗口状态栏，就可以查看机器人的事件日志。界面上会显示出操作机器人进行的事件记录，包括时间、日期等，为分析相关事件提供准确的时间，如图 8-12 和图 8-13 所示。

图 8-12 示教器窗口状态栏

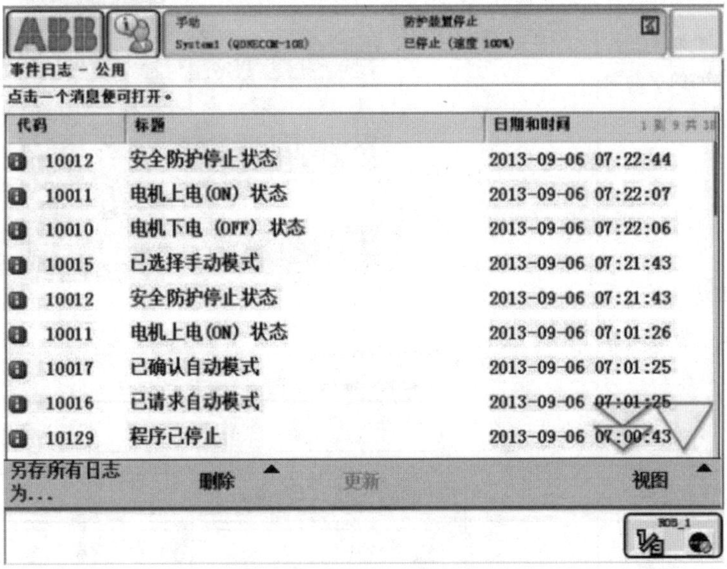

图 8-13 查看机器人日志信息

任务 8.2 工业机器人运行操作

学习任务描述

接通电源，开启机器人，检测机器人的紧急停止按钮是否有效，然后手动操作机器人运动，对机器人转数计数器进行更新操作，以及对机器人进行简单的 I/O 通信设置。

学习任务实施

8.2.1 ABB 机器人的手动操纵

手动操纵机器人运动一共有三种模式：单轴运动、线性运动和重定位运动，如图 8-14所示。下面介绍如何手动操纵机器人进行这三种运动。

1. 单轴运动的手动操纵

一般地，ABB 机器人是由六个伺服电动机分别驱动机器人的六个关节轴，那么每次

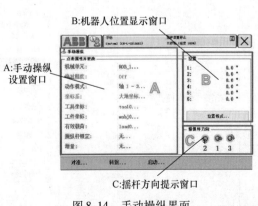

图 8-14 手动操纵界面

手动操纵一个关节轴的运动，就称之为单轴运动。表8-6中就是手动操纵单轴运动的方法。

表8-6　手动操纵单轴运动

序号	步骤说明	图　片
1	将电控柜上机器人状态钥匙切换到中间的手动限速状态	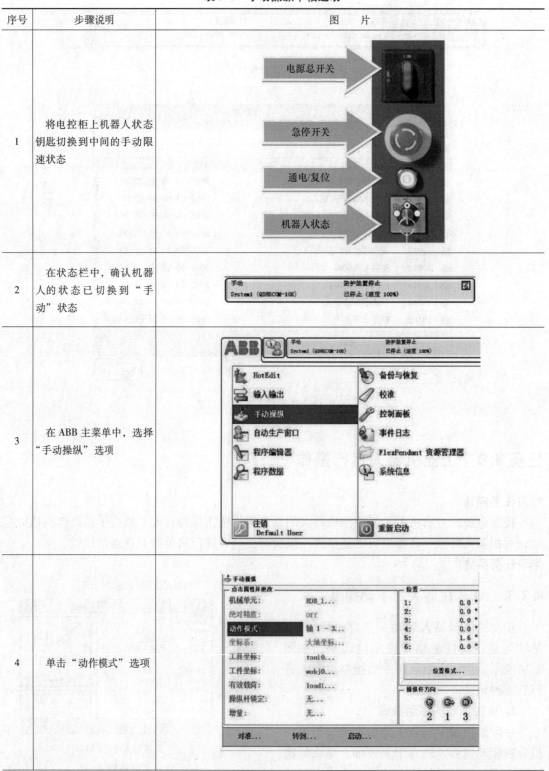
2	在状态栏中，确认机器人的状态已切换到"手动"状态	
3	在ABB主菜单中，选择"手动操纵"选项	
4	单击"动作模式"选项	

（续）

序号	步骤说明	图　片
5	选中"轴 1 - 3"，然后单击"确定"按钮（选中"轴 4 - 6"，就可以操纵轴 4 - 6）	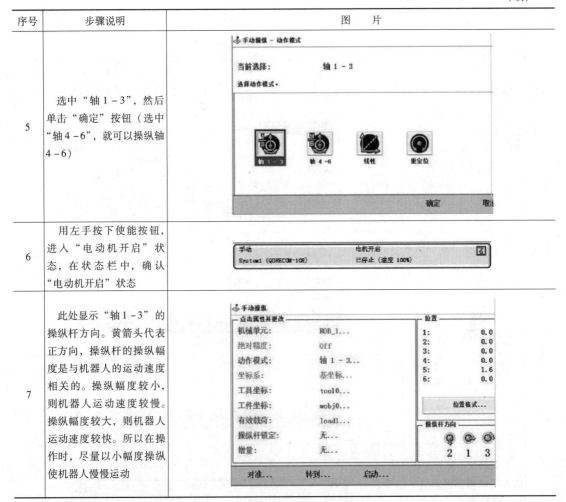
6	用左手按下使能按钮，进入"电动机开启"状态，在状态栏中，确认"电动机开启"状态	
7	此处显示"轴 1 - 3"的操纵杆方向。黄箭头代表正方向，操纵杆的操纵幅度是与机器人的运动速度相关的。操纵幅度较小，则机器人运动速度较慢。操纵幅度较大，则机器人运动速度较快。所以在操作时，尽量以小幅度操纵使机器人慢慢运动	

2. 线性运动的手动操纵

1）机器人的线性运动是指安装在机器人第六轴法兰盘上工具坐标系的原点（TCP）在空间中做线性运动。表 8-7 中就是手动操纵线性运动的方法。

表 8-7　手动操纵线性运动

序号	步骤说明	图　片
1	在"手动操纵"界面，选择"动作模式"→"线性"，然后单击"确定"	

（续）

序号	步骤说明	图　片
2	单击"工具坐标"选项，机器人的线性运动要在"工具坐标"中指定对应的工具。选中对应的工具"AW_Gun"	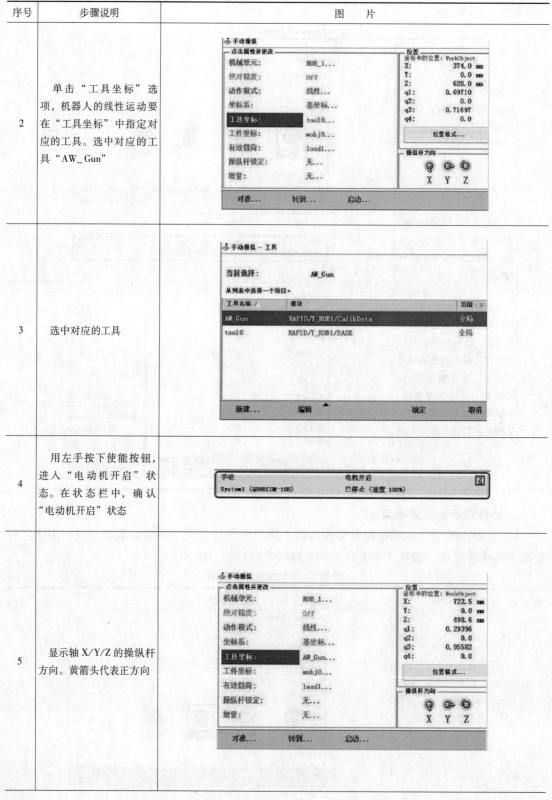
3	选中对应的工具	
4	用左手按下使能按钮，进入"电动机开启"状态。在状态栏中，确认"电动机开启"状态	
5	显示轴 X/Y/Z 的操纵杆方向。黄箭头代表正方向	

（续）

序号	步骤说明	图　片
6	操作示教器上的操纵杆，工具坐标系原点在空间中做线性运动	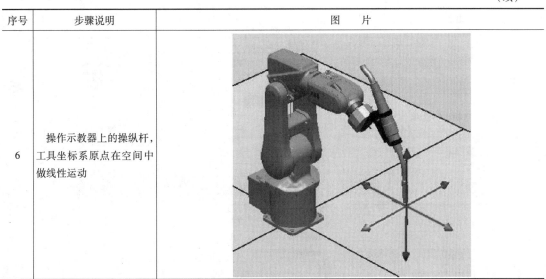

2）增量模式的使用：如果对使用操纵杆通过位移幅度来控制机器人运动的速度不熟练的话，那么可以使用"增量"模式来控制机器人的运动。

在"增量"模式下，操纵杆每位移一次，机器人就移动一步。如果操纵杆持续一秒钟或数秒钟，机器人就会持续移动。

根据需要选择增量的移动距离，增量数值见表8-8，然后单击"确定"按钮。

表8-8　增量数值表

增量	移动距离/mm	角度/°
小	0.05	0.005
中	1	0.02
大	5	0.2
用户	自定义	自定义

3. 重定位运动的手动操纵

机器人的重定位运动是指机器人第六轴法兰盘上的工具坐标系原点（TCP）在空间中绕着坐标轴旋转的运动，也可以理解为机器人绕着工具坐标系原点做姿态调整的运动。表8-9中是手动操纵重定位运动的方法。

表8-9　手动操纵重定位运动

序号	步骤说明	图　片
1	选择"手动操纵"→"动作模式"→"重定位"，然后单击"确定"按钮	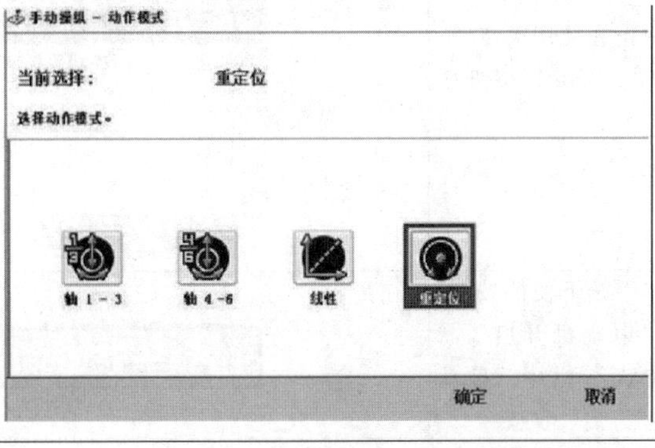 手动操纵 - 动作模式 当前选择：　　重定位 选择动作模式： 轴1-3　轴4-6　线性　重定位 确定　取消

（续）

序号	步骤说明	图　片
2	单击"坐标系"选项	
3	单击选中"工具"按钮，然后单击"确定"按钮	
4	单击"工具坐标系"选项	
5	选中正在使用的工具，然后单击"确定"按钮	
6	用左手按下使能按钮，进入"电动机开启"状态。在状态栏中，确认"电动机开启"状态	

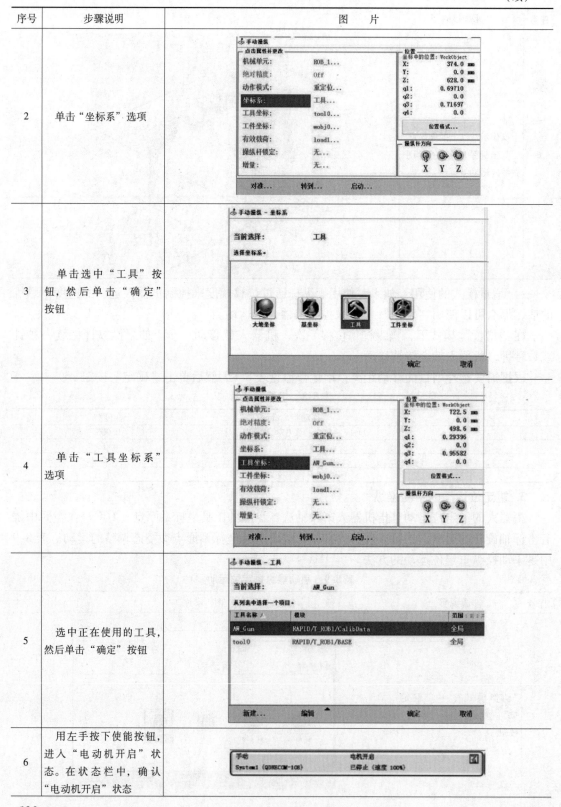

（续）

序号	步骤说明	图 片
7	显示 X/Y/Z 的操纵杆方向。黄箭头代表正方向	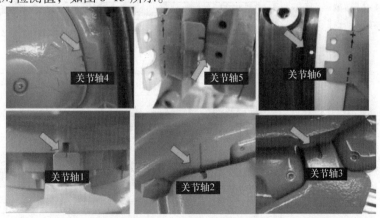
8	操纵示教器上的操纵杆，机器人绕着工具坐标系原点做姿态调整运动	

8.2.2　工业机器人归零及转数计数器更新

1. 什么是工业机器人的零点

在校正机器人时，需要将各轴移动到一个定义好的机械位置，即机械零点位置。这个机械零点要求轴移动到一个检测刻槽或划线标记定义的位置。如果机器人在机械零点位置，将存储各轴的绝对检测值，如图 8-15 所示。

图 8-15　机器人六个关节轴的机械零点刻度位置示意图

121

在示教器上进行校准操作之前，需先确认机器人的六个轴都在标记的零点位置上。

2. 如何进行机器人归零

各个型号的机器人机械原点刻度位置会有所不同，具体参考机器人的说明书。在本节中，使用手动操纵让机器人各关节轴运动到机械原点刻度位置的顺序是：4—5—6—1—2—3。

具体操作步骤见表8-10。

表8-10　机器人归零操作步骤

序号	步骤说明	图　片
1	单击示教器左上角的主菜单按钮，选择"手动操纵"选项	
2	单击"动作模式"选项，选择"轴1-3"或"轴4-6"，单击"确定"按钮	

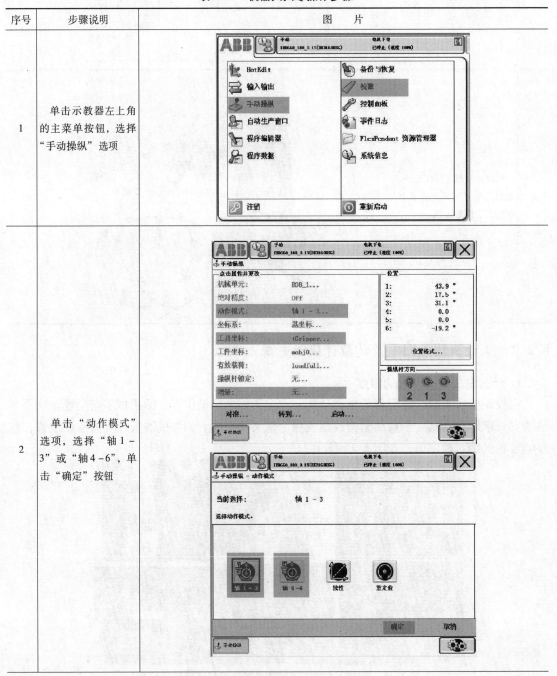

（续）

序号	步骤说明	图　片
3	单击"工具坐标"选项，选择"tGripper"选项，单击"确定"按钮	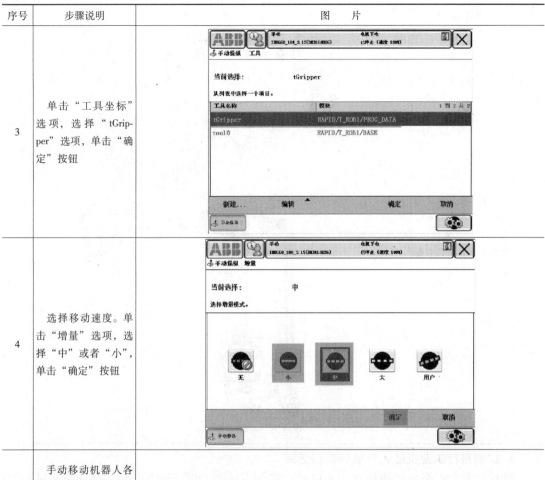
4	选择移动速度。单击"增量"选项，选择"中"或者"小"，单击"确定"按钮	
5	手动移动机器人各轴到机械零点位置 ·左手持示教器，四指握住示教器使能开关 ·右手向唯一一个方向轻轻移动操纵杆，把各轴按顺序移动到各自机械绝对零点 如选择的是"1－3"轴，则操纵杆上下移动为 2 轴动作；操纵杆左右移动为 1 轴动作；操纵杆顺/逆时针旋转为 3 轴动作。如选择的是"4－6轴"，则操纵杆上下移动为 5 轴动作；操纵杆左右移动为 4 轴动作；操纵杆顺/逆时针旋转为 6 轴动作	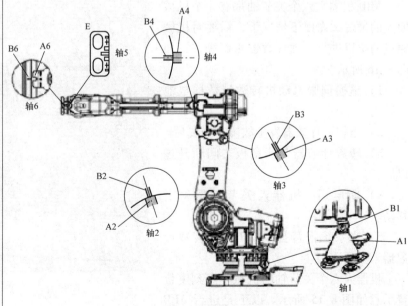

（续）

序号	步骤说明	图 片
6	机械零点位置，当所有六个轴全部对准机械零点位置以后，机器人的姿态如右图所示	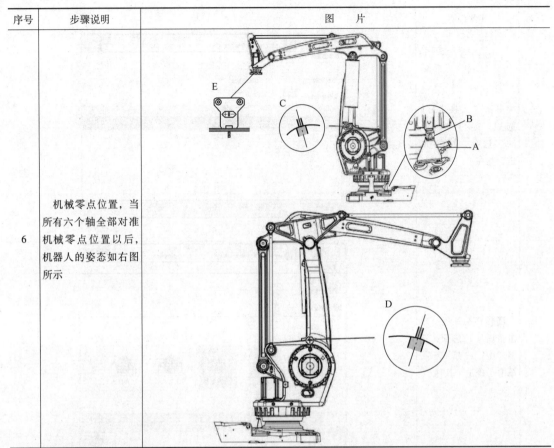

3. 如何进行工业机器人转数计数器更新

ABB 机器人六个关节轴都有一个机械原点的位置。在以下情况下，需要对机械原点的位置进行转数计数器更新操作，如图 8-16 所示。

1）更换伺服电动机转数计数器电池后。

2）当转数计数器发生故障，修复后。

3）转数计数器与测量板之间断开过以后。

4）断电后，机器人关节轴发生了移动。

5）当系统报警提示"10036 转数计数器未更新"时。

机器人六个关节轴的机械零点刻度位置示意如图 8-15 所示。以下是进行 ABB

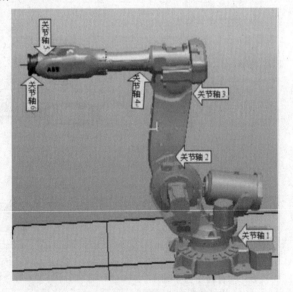

图 8-16　机器人六关节轴

机器人 IRB6640 转数计数器更新的操作步骤说明见表 8-11。

表 8-11　机器人转数计数器更新的操作步骤

序号	步骤说明	图　　　片
1	使用手动操作让机器人各个关节轴运动到机械原点刻度位置，各个轴运动的顺序是：4 - 5 - 6 - 1 - 2 - 3，各个轴机械原点的位置在机器人各轴的轴身上	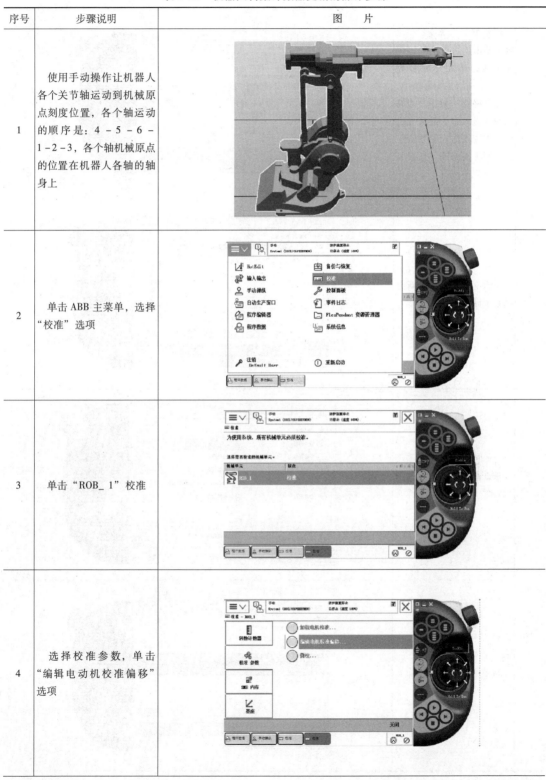
2	单击 ABB 主菜单，选择"校准"选项	
3	单击"ROB_ 1"校准	
4	选择校准参数，单击"编辑电动机校准偏移"选项	

（续）

序号	步骤说明	图　　片
5	将机器人本体上，第2轴上的电动机校准偏移记录下来，填入校准参数rob_1至rob_6的偏移值中，单击"确定"按钮，如果示教器显示中的数值与机器人本体上的标签数值一致，则无需修改，直接单击"确定"按钮	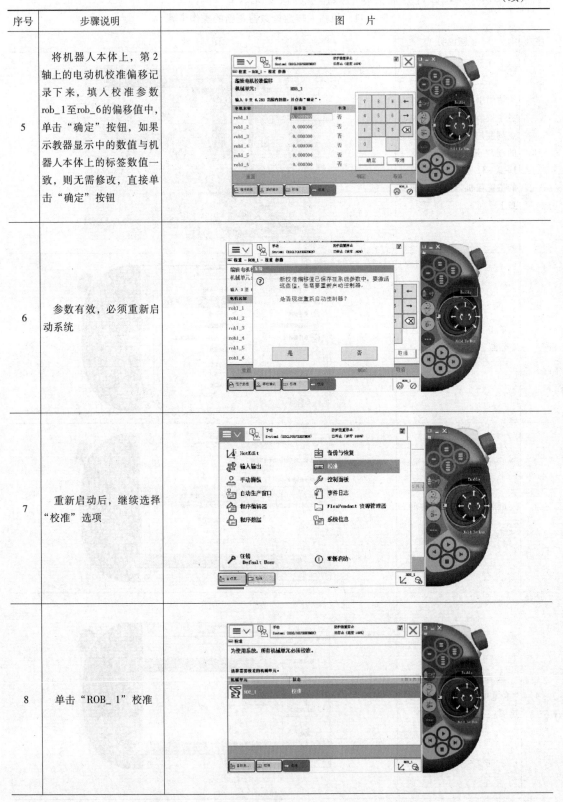
6	参数有效，必须重新启动系统	
7	重新启动后，继续选择"校准"选项	
8	单击"ROB_1"校准	

（续）

序号	步骤说明	图　片
9	单击转数计数器，选择"更新转数计数器"选项	
10	系统提示是否更新转数计数器，选择"是"按钮	
11	单击"全选"按钮，六个轴同时进行更新操作。如果机器人由于安装位置关系，无法六个轴同时到达机械原点，则可以逐一对关节轴进行转数计数器更新	
12	单击"更新"按钮	

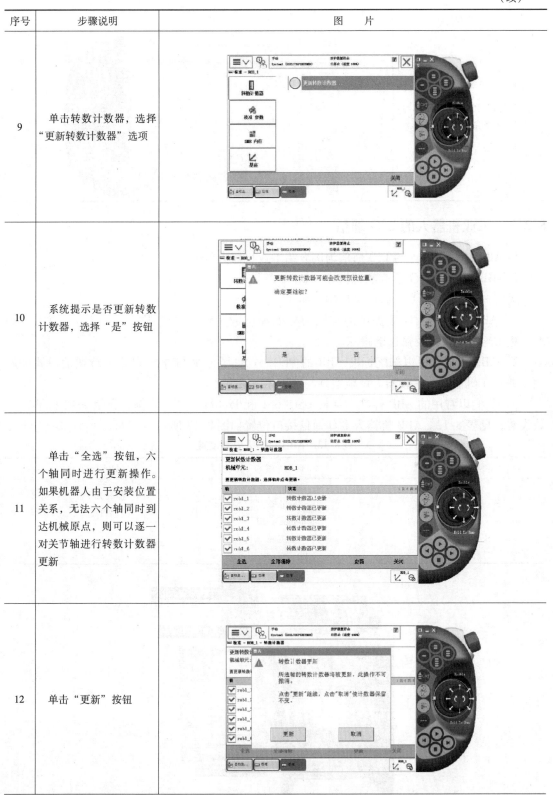

（续）

序号	步骤说明	图　片
13	操作完成后，转数计数器更新完成	

8.2.3　工业机器人的 I/O 通信

以 ABB 工业机器人的 I/O 通信为例介绍工业机器人的通信。

1. ABB 机器人 I/O 通信的种类

关于 ABB 机器人 I/O 通信接口的说明。

1）ABB 的标准 I/O 板提供的常用信号处理有数字输入 DI、数字输出 DO、模拟输入 AI、模拟输出 AO 以及输送链跟踪。

2）ABB 机器人可以选配标准 ABB 的 PLC，省去了原来与外部 PLC 进行通信设置的麻烦，并且在机器人的示教器上就能实现与 PLC 相关的操作。

3）我们以常用的 ABB 标准 I/O 板 DSQC651 和 Profibus – DP 为例，介绍 ABB 机器人参数设置，见表 8-12。ABB 机器人 I/O 通信接口位置如图 8-17 所示。

表 8-12　ABB 机器人参数设置

PC	现场总线	ABB 标准
	Device Net	标准 I/O 板
RS232 通信	Profibus	
OPCserver	Profibus – DP	PLC
Socket Message	Profinet	---
	EtherNet IP	---

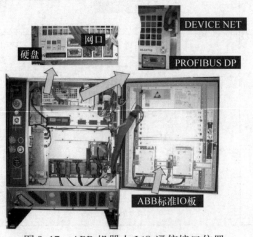

图 8-17　ABB 机器人 I/O 通信接口位置

2. ABB 机器人 I/O 信号设定的顺序

ABB 机器人 I/O 信号设定的顺序如图 8-18 所示。

图 8-18　ABB 机器人 I/O 信号设定的顺序

3. ABB 机器人标准 I/O 板 DSQC651

ABB 机器人标准 I/O 板 DSQC651 如图 8-19 所示。

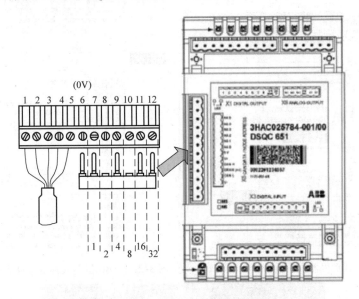

图 8-19　ABB 机器人标准 I/O 板 DSQC651

ABB 标准 I/O 板是挂在 DeviceNet 网络上的，所以要设定模块在网络中的地址，见表 8-13。端子 X5 的 6～12 的跳线就是用来决定模块的地址的，地址可用范围为 10～63。ABB 机器人标准 di1 数字输入信号与 do1 数字输出信号见表 8-14 和表 8-15，其位置如图 8-20 和图 8-21 所示，D652 I/O 板如图 8-22 所示。

表 8-13　模块在网络中的地址

参数名称	设定值	说　　明
Name	Board10	设定 I/O 板在系统中的名字
Type of Unit	D651	设定 I/O 板的类型
Connected to Bus	DeviceNet1	设定 I/O 板连接的总线
DeviceNet Address	10	设定 I/O 板在总线中的地址

表 8-14　ABB 机器人标准 I/O di1 数字输入信号

参数名称	设定值	说　　明
Name	di1	设定数字输入信号的名字
Type of Signal	Digital Input	设定信号的类型
Assigned to Unit	Board10	设定信号所在的 I/O 模块
Unit Mapping	0	设定信号所占用的地址

表 8-15　ABB 机器人标准 I/O do1 数字输入信号

参数名称	设定值	说明
Name	do1	设定数字输入信号的名字
Type of Signal	Digital Output	设定信号的类型
Assigned to Unit	Board10	设定信号所在的 I/O 模块
Unit Mapping	32	设定信号所占用的地址

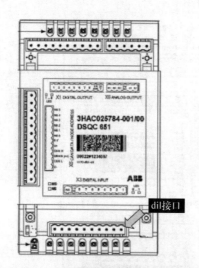 

图 8-20　ABB 机器人标准 I/O di1 接口　　图 8-21　ABB 机器人标准 I/O do1 接口

图 8-22　D652 I/O 板

4. 定义组输入信号

　　组输入信号就是将几个数字输入信号组合起来使用，用于接受外围设备输入的 BCD 编码的十进制数。其相关参数及状态见表 8-16。此例中，gi1 占用地址 1~4 共 4 位，可以代表十进制数 0~15，见表 8-17。如此类推，如果占用地址 5 位的话，可以代表十进制数 0~31，其位置如图 8-23

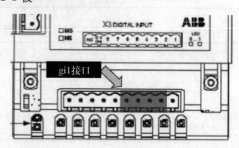

图 8-23　ABB 机器人标准 I/O gi1 接口

所示。

表 8-16　ABB 机器人标准 I/O gi1 组输入信号

参数名称	设定值	说　明
Name	gi1	设定组输入信号的名字
Type of Signal	Group Input	设定信号的类型
Assigned to Unit	Board10	设定信号所在的 I/O 模块
Unit Mapping	1 – 4	设定信号所占用的地址

表 8-17　外围设备输入的 BCD 编码的十进制数

状态	地址 1	地址 2	地址 3	地址 4	十进制数
	1	2	4	8	
状态 1	0	1	0	1	2 + 8 = 10
状态 2	1	0	1	1	1 + 4 + 8 = 13

5. 定义组输出信号

组输出信号就是将几个数字输出信号组合起来使用，用于输出 BCD 编码的十进制数。见表 8-18。此例中，go1 占用地址 33 ~ 36 共 4 位，可以代表十进制数 0 ~ 15，见表 8-19 如此类推，如果占用地址 5 位的话，可以代表十进制数 0 ~ 31。其位置如图 8-24 所示。ABB 机器人标准 I/O ao1 模拟输出信号如表 8-20 所示，其位置如图 8-25 所示。

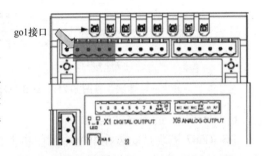

图 8-24　ABB 机器人标准 I/O go1 接口

表 8-18　ABB 机器人标准 I/O go1 组输出信号

参数名称	设定值	说明
Name	go1	设定组输出信号的名字
Type of Signal	Group output	设定信号的类型
Assigned to Unit	Board10	设定信号所在的 I/O 模块
Unit Mapping	33 – 36	设定信号所占用的地址

表 8-19　输出 BCD 编码的十进制数

状态	地址 33	地址 34	地址 35	地址 36	十进制数
	1	2	4	8	
状态 1	0	1	0	1	2 + 8 = 10
状态 2	1	0	1	1	1 + 4 + 8 = 13

表 8-20　ABB 机器人标准 I/O ao1 模拟输出信号

参数名称	设定值	说明
Name	ao1	设定模拟输出信号的名字
Type of Signal	Analog output	设定信号的类型
Assigned to Unit	Board10	设定信号所在的 I/O 模块
Unit Mapping	0 – 15	设定信号所占用的地址
Analog encoding Type	Unsigned	设定模拟信号属性
Maximum Logical Value	10	设定最大逻辑值
Maximum Physical Value	10	设定最大物理值
Maximum Bit Value	65535	设定最大位值

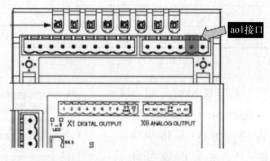

图 8-25　ABB 机器人标准 I/O ao1 接口

6. Profibus 适配器的连接

DSQC667 模块是安装在电柜中的主机上，最多支持 512 个数字输入和 512 个数字输出。除了通过 ABB 机器人提供的标准 I/O 板进行与外围设备进行通信，ABB 机器人还可以使用 DSQC667 模块通过 Profibus 与 PLC 进行快捷和大量数据的通信，如图 8-26 所示。其接口位置如图 8-27 所示。适配器的设定见表 8-21。

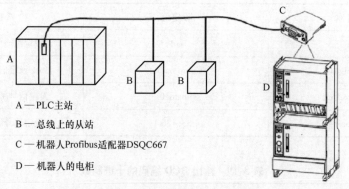

A —— PLC主站

B —— 总线上的从站

C —— 机器人Profibus适配器DSQC667

D —— 机器人的电柜

图 8-26　Profibus 适配器的连接

在完成了 ABB 机器人上的 Profibus 适配器模块设定以后，请在 PLC 端完成以下相关操作：

1）将 ABB 机器人的 DSQC667 配置文件在 PLC 的组态软件中打开。

2）在 PLC 的组态软件中找到 "Anybus – CC PROFIBUS DP – V1"。

3）将 ABB 机器人中设置的信号与 PLC 端设置的信号一一对应。

图 8-27　Profibus 适配器的接口

表 8-21　Profibus 适配器的设定

参数名称	设定值	说明
Name	Profibus8	设定 I/O 板在系统中的名字
Type of Unit	DP_ SLAVE	设定 I/O 板的类型
Connected to Bus	Profibus 1	设定 I/O 板连接的总线
Profibus Address	8	设定 I/O 板在总线中的地址

思考与练习

1. 简述利用万用表对电气电控柜进行上电前的安全检查工作。
2. 如何进行工业机器人转数计数器的更新操作？
3. 工业机器人手动操作包含哪些方面以及如何实施？

项目9　工业机器人的故障排除

知识点

了解工业机器人不同的故障现象。

具有对工业机器人机械和电气系统日常维保能力。

技能点

能够快速熟练处理工业机器人在使用过程中出现的各种故障现象。

任务9.1　工业机器人常见故障排除

学习任务描述

掌握工业机器人常见故障排除方法。

学习任务实施

9.1.1　工业机器人按故障特征进行故障排除

1. 启动故障

这里主要描述的是启动时可能会出现的故障，以及对应于每种故障的建议措施。

1）症状：

- 任何单元上的LED均未亮起。
- 接地故障保护跳闸。
- 无法加载系统软件。
- FlexPendant没有响应。
- FlexPendant能够启动，但对任何输入均无响应。
- 包含系统软件的磁盘未正常启动。

2）后果：系统启动出现问题。

3）建议的操作：如果出现了启动故障，建议采纳表9-1中对策。

表9-1　故障对策表

序号	操作	参考信息/图示
1	确保系统的主电源通电并且在指定的极限之内	根据工厂或车间获得此信息
2	确保驱动模块中的主变压器正确连接现有电源电压	
3	确保打开主开关	
4	确保控制模块和驱动模块的电源没有超出指定极限	

2. 控制器没有响应

这里主要描述的是可能会出现的故障，以及对应于每种故障的建议措施。

1）症状：机器人控制器没有响应，LED指示灯不亮。

2）后果：使用FlexPendant无法操作系统。

3）可能的原因及故障对策见表9-2。

表9-2　可能的原因及故障对策表

序号	可能的原因	建议措施
1	控制器未连接主电源	确保主电源工作正常，并且电压符合控制器的要求
2	主变压器出现故障或者连接不正确	确保主变压器正确连接电源电压
3	主熔体丝可能已经断开	确保驱动模块中的主熔体丝没有断开
4	控制模块和驱动模块之间没有连接	如果在控制模块正常工作并且驱动模块主开关已经打开的情况下，驱动模块仍无法启动，请确保驱动模块和控制模块之间的所有连接正确

3.　控制性能不佳

1）症状：控制器性能低，并且似乎无法正常工作；控制器没有完全"死机"。

2）后果：程序执行迟缓，看上去无法正常执行并且有时停止。

3）可能的原因：计算机系统负荷过高，可能因为以下其中一个或多个原因造成。

- 程序仅包含太高程度的逻辑指令，造成程序循环过快，使处理器过载。
- I/O 更新间隔设置为低值，造成频繁更新和过高的 I/O 负载。
- 内部系统交叉连接和逻辑功能使用太频繁。
- 外部 PLC 或者其他监控计算机对系统寻址太频繁，造成系统过载。

4）建议的操作见表9-3。

表9-3　故障对策表

序号	操作	参考信息
1	检查程序是否包含逻辑指令，因为此类程序在未满足条件时会造成执行循环。要避免此类循环，可以通过添加一个或多个 WAIT 指令来进行测试。仅使用较短的 WAIT 时间，以避免不必要地减慢程序	适合添加 WAIT 指令的位置可以是： • 在主例行程序中，最好是接近末尾。 • 在 WHILE/FOR/GOTO 循环中，最好是在末尾，接近指令 ENDWHILE/ENDFOR 等部分
2	确保每个 I/O 板的 I/O 更新时间间隔值没有太低。这些值使用 RobotStudio 更改。不经常读的 I/O 单元可按 RobotStudio 手册中详细说明的方法切换到"状态更改"操作	ABB 建议使用以下轮询率： • DSQC 327A：1000 • DSQC 328A：1000 • DSQC 332A：1000 • DSQC 377A：20 – 40 • 所有其他：>100
3	检查 PLC 和机器人系统之间是否有大量的交叉连接或 I/O 通信	与 PLC 或其他外部计算机过重的通信可造成机器人系统主机中出现重负载
4	尝试以事件驱动指令而不是使用循环指令编辑 PLC 程序	机器人系统有许多固定的系统输入和输出可用于实现此目的。与 PLC 或其他外部计算机过重的通信可造成机器人系统主机中出现重负载

4.　控制器上的所有 LED 都熄灭

1）症状：控制模块或驱动模块上没有相应的 LED 亮起。

2）后果：系统不能操作或者根本没有启动。

3）可能的原因：

- 未向系统提供电源。
- 主变压器没有连接正确的主电压。
- 电路断路器有故障或者因为任何其他原因开路。
- 接触器 K41 故障或者因为任何其他原因断开（电控柜内部图如图 9-1 所示，电控柜内部部件图如图 9-2 所示）。

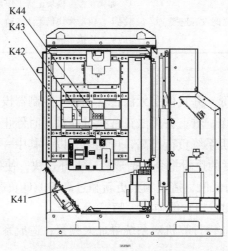

图 9-1　电控柜内部图

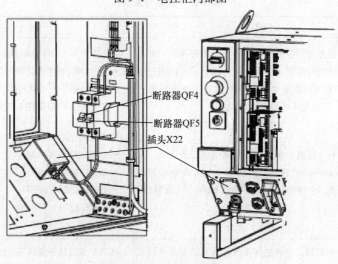

图 9-2　电控柜内部部件图

4）建议的操作见表 9-4。

表 9-4　故障对策表

序号	操作	参考信息
1	确保主开关已开	
2	确保系统通电	使用电压表测量输入的主电压

（续）

序号	操作	参考信息
3	检查主变压器连接	在各终端上标记电压。确保它们符合市场要求
4	确保电路断路器闭合	控制器产品手册的电路图中显示电路断路器
5	确保接触器 K41 处于开路状态并在执行指令时闭合	
6	 ⚠ 从驱动模块电源断开连接器并测量进入的电压	在相应针脚之间测量
7	如果电源输入电压正确（AC230V）但 LED 仍没有工作，更换驱动模块电源	如控制器产品手册中所述更换电源

5. 维修座中无电压

1）症状：某些控制模块适配有使用电压插座，并且此信息仅适用于这些模块。用于为外部维修设备供电的控制模块维修插座中无电压。

2）后果：连接控制模块维修插座的设备无法工作。

3）可能的原因：

- 电路断路器跳闸。
- 接地故障保护跳闸。
- 主电源掉电。
- 变压器连接不正确。

4）建议的操作见表 9-5。

表 9-5　故障对策表

序号	操作	参考信息
1	确保控制模块中的电路断路器未跳闸	确保与维修插座连接的任何设备没消耗太多的功率，造成电路断路器跳闸
2	确保接地故障保护未跳闸	确保与维修插座连接的任何设备未电流导向地面，造成接地故障保护跳闸
3	确保机器人系统的电源符合规范要求	有关电压值，请参考工厂文档
4	确保为插座供电的变压器（A）连接正确，即输入和输出电压符合规范要求	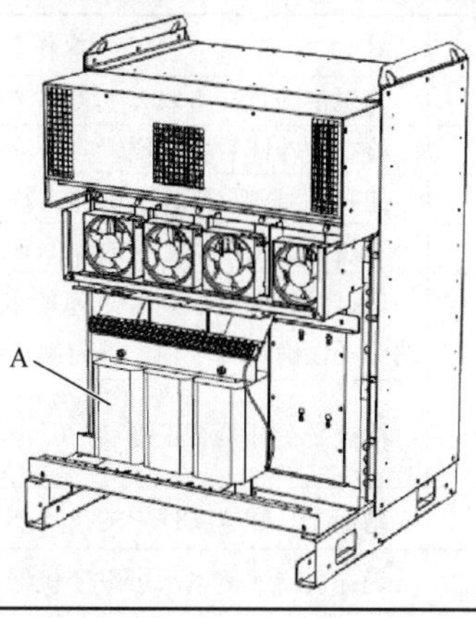

6. FlexPendant 的偶发事件消息

1）症状：FlexPendant 上显示的事件消息是不确定的，并且似乎不与机器上的任何实际故障对应，可显示几种类型的不正确的信息。在主操纵器拆卸或者检查之后可能会发生此类故障。

2）后果：因为不断显示消息而造成重大的操作干扰。

3）可能的原因：连接器连接欠佳、电缆扣环太紧使电缆在操纵器移动时被拉紧、因为摩擦使信号与地面短路造成电缆绝缘擦破或损坏。

4）建议的操作见表 9-6。

表 9-6　故障对策表

序号	操作	参考信息
1	检查所有内部操纵器接线，尤其是所有断开的电缆、在最近维修工作期间重新连接的布线或捆绑的电缆	根据每个机器人的产品手册改装相应布线
2	检查所有电缆连接器以确保它们正确连接并且拉紧	
3	检查所有电缆绝缘是否损坏	根据每个机器人的产品手册改装相应有故障的布线

7. 不一致的路径精确性

1）症状：机器人 TCP 的路径不一致。它经常变化，并且有时会伴有轴承、变速箱或其他位置发出的噪声。

2）后果：无法进行生产。

3）可能的原因：

- 机器人没有正确校准。
- 未正确定义机器人 TCP。
- 平行杆被损坏（仅适用装有平行杆的机器人）。
- 在电动机和齿轮之间的机械接头损坏。它通常会使出现故障的电动机发出噪声。
- 轴承损坏或破损。
- 将错误类型的机器人连接到控制器。
- 制动闸未正确松开。

4）建议的操作见表 9-7。

表 9-7　故障对策表

序号	操作	参考信息
1	确保正确定义机器人工具和工作对象	
2	检查旋转计数器的位置	必要时进行更新
3	如有必要，重新校准机器人轴	
4	通过跟踪噪声找到有故障的轴承	根据机器人的产品手册更换有故障的轴承
5	通过跟踪噪声找到有故障的电动机。分析机器人 TCP 的路径以确定哪个轴，进而确定哪个电动机可能有故障	根据每个机器人的产品手册的说明更换有故障的电动机/齿轮
6	检查平行杆是否正确	根据每个机器人的产品手册的说明更换有故障的平行杆
7	确保工具配置文件中的指定连接正确的机器人类型	
8	确保机器人制动闸可以令机器人正常工作	

8. 油渍沾污电动机和变速箱

1）症状：电动机或变速箱周围的区域出现油泄漏的征兆。这种情况可能发生在底座、最接近配合面，或者在分解器电动机的最远端。

2）后果：除了外表肮脏之外，在某些情况下如果泄漏的油量非常少，就不会有严重的后果。但是，在某些情况下，漏油会润滑电动机制动闸，造成关机时操纵器失效。

3）可能的原因：

- 变速箱和电动机之间的防泄漏密封不好。
- 变速箱油面过高。
- 变速箱油过热。

4）建议的操作见表9-8。

表9-8 故障对策表

序号	操作	参考信息
1	! 注意 在接近可能发热的机器人组件之前，请注意热部件可能会造成灼伤	
2	检查电动机和变速箱之间的所有密封和垫圈。不同的操纵器型号使用不同类型的密封	根据每个机器人的产品手册中的说明更换密封和垫圈
3	检查变速箱油面高度	机器人产品手册中指定正确的油面高度
4	变速箱过热可能由以下原因造成： • 使用的油的质量或油面高度不正确 • 机器人工作周期运行特定轴太困难。研究是否可以在应用程序编程中写入小段的"冷却周期" • 变速箱内出现过大的压力	根据机器人的产品手册检查建议的油面高度和类型

9. 机械噪声

1）症状：在操作期间，电动机、变速箱、轴承等不应发出机械噪声。出现故障轴承在失效之前通常发出短暂的磨擦声或者嘀嗒声。

2）后果：失效的轴承造成路径精确度不一致，并且在严重的情况下，接头会完全抱死。

3）可能的原因：磨损的轴承、污染物进入轴承圈、轴承没有润滑、过热。

4）建议的操作见表9-9。

表9-9 故障对策表

序号	操作	参考信息
1	! 注意 在接近可能发热的机器人组件之前，请注意热部件可能会造成灼伤	

（续）

序号	操作	参考信息
2	确定发出噪声的轴承	
3	确保轴承有充分的润滑	在机器人的产品手册中指定
4	如有可能，拆开接头并测量间距	在机器人的产品手册中指定
5	电动机内的轴承不能单独更换，只能更换整个电动机	根据机器人的产品手册更换有故障的电动机
6	确保轴承正确装配	

10. 机器人制动闸释放问题

1）症状：在开始机器人操作或者微动控制机器人时，必须松开内部制动闸以允许移动。

2）后果：如果没有松开制动闸，机器人不能移动，并且会发生许多错误的记录信息。

3）可能的原因：

- 制动器接触器（K44）没有正确工作；
- 系统未正确进入 Motors ON 状态；
- 机器人轴上的制动闸发生故障；
- 24V BRAKE 电源电压掉电。

4）建议的操作见表 9-10。

表 9-10 故障对策表

序号	操作	参考信息
1	确保制动接触器已激活	应听到"嘀"一声，或者可以测量接触器顶部辅助触点之间的电阻
2	确保激活了 RUN 接触器（K42 和 K43）。注意，两个接触器必须都激活，而不只是激活一个	应听到"嘀"一声，或者可以测量接触器顶部辅助触点之间的电阻
3	使用机器人上的按钮测试制动器。如果只有一个制动器出现故障，手上的制动器很可能发生故障并且必须更换。如果未激活任何制动闸，很可能没有 24V BRAKE 电源	按钮的位置因机器人的型号而不同。请参考机器人的产品手册
4	检查驱动模块电源以确保 24V BRAKE 电压是正常的	
5	系统内许多其他的故障可能会造成制动器一直激活。在此情况下，事件日志消息会提供更多的信息	也可使用 RobotStudio 访问事件日志消息

11. 间歇性错误

1）症状：在操作期间，错误和故障的发生是随机的。

2）后果：操作被中断，并且偶尔显示事件日志消息，有时并不像是实际系统故障。这类问题有时会相应地影响紧急停止或启动链，并且可能难以查明原因。

3）可能的原因：

- 外部干扰；
- 内部干扰；
- 连接松散或者接头干燥，例如，未正确连接电缆屏蔽；

- 热影响，例如工作场所内很大的温度变化。

4）建议的操作见表 9-11。

表 9-11 故障对策表

序号	操作	参考信息
1	检查所有电缆，尤其是紧急停止以及启动链中的电缆。确保所有连接器连接稳固	
2	检查看任何指示 LED 信号是否有任何故障，可为该问题提供一些线索	
3	检查事件日志中的消息。有时，一些特定错误是间歇性的	
4	在每次发生该类型的错误时检查机器人的行为	如有可能，以日志形式或其他类似方式记录故障
5	检查机器人工作环境中的条件是否要定期变化，例如，电气设备只是定期干扰	
6	调查环境条件（如环境温度、湿度等）与该故障是否有关系	如有可能，以日志形式或其他类似方式记录故障

9.1.2 工业机器人按单元进行故障排除

1. 对 FlexPendant 进行故障排除

（1）概述

FlexPendant 通过配电板与控制模块主计算机进行通信。FlexPendant 通过具有 24V 电源和两个使动设备链的电缆物理连接至配电板和紧急停止装置。

（2）操作步骤

以下程序详细介绍了在 FlexPendant 无法正常工作时应采用的操作。

1）如果 FlexPendant 完全"死机"，请检查 FlexPendant 启动问题。

2）如果 FlexPendant 启动，但不能正常操作，请检查 FlexPendant 与控制器之间的连接问题。

3）如果 FlexPendant 启动并且似乎可以操作，但显示错误事件消息，请检查 FlexPendant 的偶发事件消息。

4）检查电缆的连接和完整性。

5）检查 24V 电源。

6）阅读错误事件日志消息并按参考资料的相关说明进行操作。

2. 通信故障排除

（1）概述

这里详细说明了如何排除控制模块和驱动模块中的数据通信故障。

（2）故障排除过程

排除通信故障的时候，按照下面介绍的流程执行操作：

1）电缆是否有故障（如发送和接收信号相混）。

2）传输率（波特率）设置是否正确。

3）数据宽度设置是否正确。

3. 现场总线和 I/O 单元故障排除

控制器可以安装多种不同的现场总线适配器和现场总线主/从总线板。使用总线连接各设备或站点时，如果某个总线站点出现故障或掉线，设备还在继续运行的话，这时该设备及其周围人员将处于非常危险的状态。一旦设备出现误操作，将导致严重的生产事故。对于总线的实时状态，必须在程序中进行诊断，故障的站点号必须及时被读出，这样 PLC 才能根据总线故障信息，快速进行保护性的输出，甚至停止输出，使设备运行处于安全状态。诊断系统总线状态的方法如下：

1）通过系统功能块读取系统状态列表，通过系统状态列表来分析总线站点的实时状态。

2）通过中断组织块来读取系统的故障站点和故障恢复站点。

这两种方式可以帮助用户快速获取总线诊断状态，当出现故障时，及时停止 PLC 输出或进行保护性输出，方便用户查看故障。

4. 电源故障排除

这里主要以故障排除 DSQC 604 为例进行介绍。

故障排除 DSQC 604 所需的测试设备：欧姆计、阻抗型负载、伏特计。

检查 FlexPendant 是否有错误和警告。故障排除时，DSQC 604 故障排除表应和故障排除流程图一起使用。故障对策见表 9-12。

表 9-12　故障对策表

序号	测试	注释	操作
1	检查 DSQC 604 上的指示灯 LED	指示灯 LED 标为 DOCK	如果 LED 为绿色，电源应该正常工作 如果 LED 为脉冲绿色，直流输入没有正确连接任何单元或者输出存在短路。继续步骤 2 如果 LED 关闭，说明电源有故障或者输入电压不足。继续步骤 4
2	检查直流输入和连接单元之间的连接情况	确保电源连接了正确的单元。为使 604 正确工作，至少一个直流输出上带有最低 0.5~1A 的负载	如果连接正常，继续步骤 3 如果连接有故障或者电源根本没有连接任何设备，请修理连接/连接设备。验证故障已经修正并且如果有必要重新启动本指南
3	检查直流输出是否存在短路	检查 DSQC 604 上的直流输出和周边设备的输入。测量电压引脚和地之间的电阻。电阻不应为零	如果没有发现短路，继续至步骤 4。如果 DSQC 604 上没有发现短路，继续至步骤 10 如果在任何周边的设备上发现短路，使该设备工作。验证故障已经修正并且如果有必要，重新启动本指南
4	一次断开一个直流输出并测量其电压	确保所有时间至少连接一个设备。为使 604 正确工作，至少一个输出上带有最低 0.5~1A 的负载。使用伏特计测量电压。电压应为：24V < U < 27V	如果在所有输入上检测到电压正确且 DCOK LED 为绿色，则电源工作正常 如果在所有输出上检测到电压正确并且 DCOK LED 关闭，则认为电源有故障但不必立即更换 如果检测到没有电压或者电压错误，继续步骤 5

（续）

序号	测试	注释	操作
5	测量到 604 的输入电压	使用伏特计测量电压。电压应为：172V < U < 276V	如果输入电压正确，继续步骤 10 如果检测到没有电压或者输入电压错误，继续步骤 6
6	检查开关 Q1 - 2	确保它们是闭合的	如果开关闭合，继续步骤 7 如果开关是开路的，则将它们闭上。验证故障已经修正并且如果有必要重新启动本指南
7	检测主熔丝和可选熔丝	确保它们是打开的	如果熔丝打开，继续步骤 8 如果熔丝闭合，则将它们打开。验证故障已经修正并且如果有必要，重新启动本指南
8	确保到机柜的输入电压是该特定机柜的正确电压		如果输入电压正确，继续步骤 9 如果输入电压不正确，请进行调整。验证故障已经修正并且如果有必要重新启动本指南
9	检查电缆	确保电缆正确连接且无故障	如果电缆正常，问题很可能是变压器 T1 或输入滤波器 尝试使这部分电源工作。验证故障已经修正并且如果有必要，重新启动本指南 如果发现电缆没有连接或者有故障，连接或更换它。验证故障已经修正并且如果有必要，重新启动本指南

9.1.3　工业机器人按事件日志进行故障排除

1. 事件日志消息

IRC5 支持以下三种类型的事件日志消息。

（1）Information

这些消息用于将信息记录到事件日志中，但是并不要求用户进行任何特别操作。信息类消息不会在控制器的显示设备上显示。

（2）警告

这些消息用于提醒用户系统上发生了某些无需纠正的事件，操作会继续。这些消息会保存在事件日志中，但不会在显示设备上占据焦点。

（3）Error

这些消息表示系统出现了严重错误，操作已经停止。这些消息在需要用户立即采取行动时使用。

2. 如何读取 RAPID 事件日志消息

事件编号序列，视其引用的机器人系统的部件或其他方面而定，事件消息分为以下几个方面（表9-13）。

表 9-13　事件类型

编号序列	事件类型
1×××	操作事件：与系统处理有关的事件
2×××	系统事件：与系统功能、系统状态等有关的事件
3×××	硬件事件：与系统硬件、机械臂以及控制器硬件有关的事件
4×××	程序事件：与 RAPID 指令、数据等有关的事件
5×××	动作事件：与控制机械臂的移动和定位有关的事件
7×××	I/O 事件：与输入和输出、数据总线等有关的事件
8×××	用户事件：用户定义的事件
9×××	功能安全事件：与功能安全相关的事件
11×××	工艺事件：特定应用事件，包括弧焊、点焊等
12×××	配置事件：与系统配置有关的事件
13×××	油漆事件
15×××	RAPID 事件
17×××	Remote Service Embedded（嵌入式远程服务）事件日志，包括启动、注册、取消注册、失去连接等事件

3. 指令介绍

重点介绍的部分指令内容，见表 9-14，详细指令参见 ABB 说明书。

表 9-14　部分指令介绍

编号	内容	说明
10002	程序指针已经复位	1. 说明：任务 arg 的程序指针已经复位 2. 后果：启动后，程序将在任务录入例行程序发出第一个指令时开始执行。请注意重新启动后机械手可能移动到非预期位置 3. 可能原因：操作人员可能已经手动请求了此动作
10009	工作内存已满	1. 说明：任务 arg 未给新的 RAPID 指令或数据留下内存 2. 建议措施：保存程序后重新启动系统
10010	电动机断电（OFF）状态	1. 说明：系统处于电动机断电（OFF）状态。从手动模式切换至自动模式，或者程序执行过程中电动机上电（ON）电路被打开后，系统就会进入此状态 2. 后果：闭合电动机上电（ON）电路之前无法进行操作。此时，机械手轴被机械制闸固定在适当的位置
10011	电动机上电（ON）状态	1. 说明：系统处于电动机上电（ON）状态 2. 后果：电动机上电（ON）电路已经闭合，正在给机械手电动机供电。可恢复正常操作
10031	所有轴已校准	1. 说明：检查后，系统发现所有轴需要校准 2. 后果：可以实现正常操作
10032	所有转数计数器已更新	1. 说明：检查后，系统发现轴的所有转数计数器都需要更新 2. 后果：可以实现正常操作

（续）

编号	内容	说明
10040	程序已加载	说明：已经在任务 arg 中加载了程序或程序模块。加载后，剩余 arg 字节内存。加载程序的大小为 arg
20010	紧急停止状态	1. 说明：紧急停止电路在之前已断开，然而在断开时试图操作机器人 2. 后果：系统状态保持为"紧急停止后等待电动机开启" 3. 可能原因：将系统切换回电动机开启状态之前，试图操纵控制 4. 建议措施：要恢复操作，请按控制模块上的电动机开启（Motors ON）按钮，将系统切换回电动机开启状态
20069	不允许该命令	1. 说明：当机械手处于手动操纵时不允许使用该命令 2. 后果：系统保持相同的状态，请求的动作未执行 3. 可能原因：系统正被手动操纵
20089	已拒绝自动模式	1. 说明：调用链变为由例行程序开始，而不是主程序，且在请求自动模式时，不可重设为主程序 2. 后果：系统无法进入自动模式 3. 可能原因：程序指针无法设为主程序 4. 建议措施：（1）切换回手动模式。（2）移动 PP 至主程序；或者如果程序总是起始于新例行程序，将系统参数"主要项目"更改为新例行程序名称；或者在切换至自动时，如果系统应当处于调试模式，将系统参数控制器、自动条件重设、所有调试设置重设为否。（3）切换回自动模式并确认
31810	DeviceNet 主控/从控电路板缺失	1. 说明：DeviceNet 主控/从控电路板不工作 2. 后果：无法在 DeviceNet 网络上通信 3. 可能原因：DeviceNet 主控/从控电路板出现故障或无此设备 4. 建议措施：（1）确保安装了 DeviceNet 主控/从控电路板。（2）如有故障，请更换此电路板
38214	电池故障。	1. 说明：电池通电关闭失败。电池仍将处于正常模式 驱动模块：arg；测量链接：arg；测量电路板：arg 2. 建议措施：重试关机操作；更换串口测量板
40001	自变量错误	1. 说明：可选自变量 arg 已在同一例行程序调用中使用一次以上 2. 建议措施：确保可选参数在同一例行程序调用中使用不超过一次
40005	自变量错误	1. 说明：INOUT 参数的自变量 arg 不是变量或可变量，或者是只读值 2. 建议措施：（1）确保自变量为变量或可变量参数，且不是只读自变量。（2）确保该自变量未写在括号（　）中
50027	关节超出范围	1. 说明：arg 关节 arg 的位置超出工作范围 2. 建议措施：使用操纵杆将关节移动至其工作范围之内

（续）

编号	内容	说明
50458	程序设定速度过高	1. 说明：External Motion Interface 校正 arg 的程序设定速度过高 2. 后果：程序将停止执行，系统转入"电动机关闭"状态 3. 可能原因：在程序设定速度过高时不允许进行 External Motion Interface 校正 4. 建议措施：降低程序设定的路径速度
71001	地址重复	1. 说明：I/O 配置无效。I/O 设备 arg 和 I/O 设备 arg 被分配了相同的地址。连至相同 I/O 总线的 I/O 单元必须有唯一的地址。此 I/O 设备已被拒绝连接 2. 建议措施：（1）检查地址是否正确。（2）检查各 I/O 设备是否已连接到正确的网络
71003	I/O 设备未定义	1. 说明：I/O 信号 arg 的 I/O 配置无效 2. 后果：此 I/O 信号已被拒绝，依赖此信号的功能将无法工作 3. 可能原因：I/O 设备 arg 未知。所有 I/O 信号必须引用现有已定义的 I/O 设备 4. 建议措施：（1）确保 I/O 设备已定义。（2）确保 I/O 设备名称拼写正确

任务9.2　工业机器人电气系统常见故障排除

学习任务描述

掌握工业机器人电气控制系统常见的故障和排除。

学习任务实施

9.2.1　电控柜常见故障处理

工业机器人电气系统发生的故障主要是：电缆连接点接触不良；继电器触点损坏；主电路无法接通；继电器板信号连接不正常；熔丝熔断等故障。这些问题主要的解决方法是查看电控柜安装图纸，并用万用表进行检查，排除故障。常见故障见表 9-15。

表 9-15　常见故障

后果及现象	可能故障	排除方法
开机不能听到接触器吸合的声音，主电源不能接通，伺服电源指示灯不亮	门禁开关未闭合	将门禁开关临时短接或者关门调试
	接触器可能损坏	更换接触器
控制器电源指示灯不亮，接触器不吸合，风扇不转，伺服数码管无显示	开关电源损坏，无 24V 输出	更换开关电源
示教器显示报警，检测伺服处于错误状态	数码管显示当前报警代码	根据具体故障代码排除
示教器无法登陆	示教器没有注册码	重新注册示教器

（续）

后果及现象	可能故障	排除方法
机器人不能上电使能	手动模式，只能使用三位开关	确认运行模式是否正确
	安全回路断开	确认安全回路是否断开
打开隔离开关后，电控柜无反应	① 隔离开关进出线虚接	逐段测量电压，排查电路
	② 柜内断路器处于 OFF 状态	
	③ 滤波器损坏	
控制电压 24V 正常，但风扇不运行	逻辑 IO 板上的风扇电源线正负接反	检查逻辑 IO 板的风扇电源端子
	风扇损坏	检查风扇
开机后，柜内无 24V 控制电压	断路器未打开	检查断路器
	开关电源损坏	检测开关电源输出
	控制回路断路	断电后逐级测量控制回路电缆
电控柜开机后，开关电源过载	外接 IO 信号过多	为 IO 通信端口，提供额外的 24V 开关电源
电控柜开机后，逻辑 IO 板短路，烧坏	逻辑 IO 板 24V 对地短路	检查逻辑 IO 板供电端，确认是否短路

　　机器人伺服驱动器发生故障时，数码管闪烁显示最新发生的故障码，连接示教器后，在示教器上方将显示故障码。当机器人的伺服报警时，可以参考表 9-16 的内容进行检查，并按照对应策略解决伺服故障。

表 9-16　故障查询和解决方案

故障定义	可能原因	解决对策
母线过流	直流母线电压过高	检查电网电压是否过高 检查是否大惯性负载无能耗制动快速停机
	外围有短路现象	检查伺服动力输出接线是否短路，对地是否短路，制动电阻是否短路
	编码器故障	检查编码器是否损坏，接线是否正确 检查编码器电缆屏蔽层是否接地良好，电缆附近是否有强干扰源
	伺服内部元器件损坏	请专业技术人员进行维护
硬件过流	直流母线电压过高	检查电网电压是否过高 检查是否大惯性负载无能耗制动快速停机
	外围有短路现象	检查伺服动力输出接线是否短路，对地是否短路
	编码器故障	检查编码器是否损坏，接线是否正确 检查编码器电缆屏蔽层是否接地良好，电缆附近是否有强干扰源
	伺服内部元器件损坏	请专业技术人员进行维护

（续）

故障定义	可能原因	解决对策
软件过流	直流母线电压过高	检查电网电压是否过高 检查是否大惯性负载无能耗制动快速停机
	外围有短路现象	检查伺服动力输出接线是否短路，对地是否短路
	编码器故障	检查编码器是否损坏，接线是否正确 检查编码器电缆屏蔽层是否接地良好，电缆附近是否有强干扰源
连续过流	外围有短路现象	检查伺服动力输出接线是否短路，对地是否短路
	伺服内部元器件损坏	请专业技术人员进行维护
输出过流	直流母线电压过高	检查电网电压是否过高 检查是否大惯性负载无能耗制动快速停机
	外围有短路现象	检查伺服动力输出接线是否短路，对地是否短路，制动电阻是否短路
	编码器故障	检查编码器是否损坏，接线是否正确 检查编码器电缆屏蔽层是否接地良好，电缆附近是否有强干扰源
	伺服内部元器件损坏	请专业技术人员进行维护
PowerLink 通信故障	控制器异常	检查控制器
	通信设置有误	检查 PowerLink 通信设置
	通信电缆接触不良或者断开	检查通信电缆是可靠连接
	通信电缆未接地或者接地不良	使用带屏蔽的通信电缆，屏蔽层良好接地
PowerLink 板卡错误	通信设置有误	检查 PowerLink 通信设置
	PowerLink 板卡损坏	更换 PowerLink 板卡
	伺服内部元器件损坏	请专业技术人员进行维护
同向超速	电动机飞车	检查电动机动力电缆相序是否正确
	编码器参数有误	检查编码器参数设置
	编码器故障	检查编码器是否损坏，接线是否正确 检查编码器电缆屏蔽层是否接地良好，电缆附近是否有强干扰源
	正向负载过大	检查所选电动机功率是否满足负载要求
	参数设置不当	检查参数超载滤波时间设置是否恰当
反向超速	电动机飞车	检查电动机动力电缆相序是否正确
	编码器参数有误	检查编码器参数设置
	编码器故障	检查编码器是否损坏，接线是否正确 检查编码器电缆屏蔽层是否接地良好，电缆附近是否有强干扰源
	正向负载过大	检查所选电动机功率是否满足负载要求
	参数设置不当	检查参数超载滤波时间设置是否恰当

（续）

故障定义	可能原因	解决对策
速度跟踪误差过大	加速度过大	检查指令给定的加速度是否超过负载的响应
	参数设置不当	适当增大参数
	负载过大	检查所选电动机功率是否满足负载要求
	输出缺相	按照输出缺相故障的策略处理
加速度超差	加速度过大	检查指令给定的加速度是否过大
	编码器故障	检查编码器是否损坏，接线是否正确 检查编码器电缆屏蔽层是否接地良好，电缆附近是否有强干扰源
	编码器接口短路	检查编码器接口处未连接的管脚是否对地短路或受到干扰
电动机失速	电动机动力电缆故障	按操作规程检查伺服输出侧接线情况，排除漏接、断线、相序接反
	电动机堵转	检查电动机是否负载过大或电动机被卡住
	伺服内部元器件损坏	请专业技术人员进行维护
编码器连接错误	编码器参数有误	检查编码器参数设置
	编码器电缆故障	检查编码器电缆相序是否正确
	编码器电缆未连接	连接编码器电缆
	伺服内部元器件损坏	请专业技术人员进行维护
编码器电池欠压	编码器电池电压过低	更换电池
	伺服驱动器内部错误	请专业技术人员进行维护
编码器电池断开	编码器电池电压不正常	检查编码器电池与电池座是否接触良好 更换编码器电池
编码器过热	编码器温度过高	改善编码器散热条件或者降低环境温度
编码器计数错误	编码器内部错误	伺服断电重启，如故障无法清除则更换编码器
编码器超速	电动机飞车	检查电动机电缆相序是否正确
	指令给定错误	检查位置、速度、转矩指令给定
	负载突变	检查外界负载突变原因
	编码器内部错误	伺服断电重启，如故障无法清除则更换编码器
位置偏差过大	加速度过大	检查指令给定的加速度是否超过负载的响应
	参数设置不当	适当增大参数
	负载过大	检查所选电动机功率是否满足负载要求
伺服欠压	电源电压低于设备最低工作电压	检查输入电源
	瞬时停电	检查输入电源，待输入电压正常，复位后重新启动
	电源电压波动过大	
	电源的接线端子松动	检查输入接线
	在同一电源系统中存在大启动电流的负载	改善电源系统，使其符合规格值

（续）

故障定义	可能原因	解决对策
伺服过压	电源电压高于设备最高工作电压	检查输入电源
	电源电压波动过大	检查输入电源，待输入电压正常，复位后重新启动
	未接制动电阻或制动电阻阻值过大	使用合适的制动电阻
伺服过热	环境温度过高	降低环境温度，加强通风散热
	散热系统异常	检查散热风扇转速和风量是否正常 检查伺服散热通道是否被异物阻塞
	温度检测电路故障	请专业技术人员进行维护
伺服过载	伺服输出超过额定功率	更换更大功率的伺服
	电动机动力电缆故障	按操作规程检查伺服输出侧接线情况，排除漏接、断线、相序接反
	电动机堵转	检查电动机是否负载过大或电动机被卡住
相序错误	电动机动力电缆故障	动力电缆相序错误，在 U/V/W 三根电缆中任意调换两根电缆顺序 检查动力电缆是否可靠连接
	电动机参数有误	检查电动机参数设置
	电动机抱闸故障	检查抱闸机构和抱闸电源
	编码器接线错误	在多台同型号伺服并列使用的场合，检查编码器电缆是否对应连接
制动电阻过载	制动电阻选配不当	按照伺服说明书中选型说明选配合适的制动电阻
	制动电阻参数设置不当	检查制动电阻阻值和功率是否正确设置
电动机过热	电动机绕组过热	降低环境温度，加强通风散热
	电动机功率与负载不匹配	检查电动机功率是否满足负载要求
	电动机电流偏大	对所用电动机进行编码器零点校正
电动机抱闸故障	抱闸欠压或欠流	检查抱闸机构和抱闸电源
	电动机无抱闸	通过参数屏蔽抱闸故障

9.2.2　示教器常见故障处理

按下示教器上的信息提示，可以查看机器人当前发生故障的错误报警信息。信息数据显示的是故障发生时间、信息 ID 号、信息描述和信息来源，选中一条信息，信息描述完整地显示在界面中。

1. ABB 机器人示教器常见故障信息

ABB 机器人示教器常见的故障信息见表 9-17。

表 9-17　ABB 机器人示教器常见故障信息

序号	故障	处理
1	示教器触摸不良或局部不灵	更换触摸面板
2	示教器无显示	维修或更换内部主板或液晶屏

（续）

序号	故障	处理
3	示教器显示不良，有竖线、竖带、花屏，摔破等	更换液晶屏
4	示教器按键不良或不灵	更换按键面板
5	示教器有显示无背光	更换高压板
6	示教器操纵杆 XYZ 轴不良或不灵	更换操纵杆
7	示教器急停按键失效或不灵	更换急停按键
8	示教器数据线不能通信或不能通电，内部有断线等	更换数据线

2. 触摸偏差故障现象及对应解决方案分析

触摸偏差故障现象及对应解决方案见表9-18。

表 9-18　故障现象及对应解决方案

序号	故障	现象	可能原因	解决对策
1	触摸偏差	手指所触摸的位置与鼠标箭头没有重合	示教器安装完驱动程序后，在进行校正位置时，没有垂直触摸靶心正中位置	重新校正位置
		部分区域触摸准确，部分区域触摸有偏差	表面声波触摸屏四周边上的声波反射条纹上积累了大量的尘土或水垢，影响声波信号的传递所造成的	清洁触摸屏，特别注意要将触摸屏四边的声波反射条纹清洁干净，清洁时应将触摸屏控制卡的电源断开
2	示教器触摸无反应	触摸屏幕时鼠标箭头无任何动作，没有发生位置改变	① 表面声波触摸屏四周边上的声波反射条纹上所积累的尘土或水垢非常严重，导致触摸屏无法工作　② 触摸屏发生故障　③ 触摸屏控制卡发生故障　④ 触摸屏信号线发生故障　⑤ 主机的串口发生故障　⑥ 示教器的操作系统发生故障　⑦ 触摸屏驱动程序安装错误	观察触摸屏信号指示灯，该灯在正常情况下为有规律的闪烁，大约为每秒钟闪烁一次，当触摸屏幕时，示教器黑屏，需要请教专业人员

任务 9.3　工业机器人本体常见故障排除

学习任务描述

掌握工业机器人本体常见的故障和故障排除。

学习任务实施

9.3.1　调查故障原因的方法

工业机器人在设计上必须达到当发生异常情况时，可以立即检测出异常，并停止运行。即使如此，在故障未彻底解决的情况下仍然处于危险状态，绝对禁止继续运行。

机器人的故障有如下情况：

1) 一旦发生故障，直到修理完毕才能运行的故障。

2) 发生故障后，放置一段时间后，又可以恢复运行的故障。

3) 即使发生故障，只要关闭电源后再重新上电，又可以运行的故障。

4) 即使发生故障，立即就可以再次运行的故障。

5) 非机器人本身，而是系统侧的故障导致机器人异常动作的故障。

6) 因机器人侧的故障，导致系统侧异常动作的故障。

以上2) 3) 4) 的情况，肯定会再次发生故障。而且，在复杂系统中，即使老练的工程师也经常不能轻易找到故障原因。因此，在出现故障时，请勿继续运转，应立即联系维保人员，进行检查和维修，以确保排除故障。

机器人动作、运转发生某种异常时，如果不是控制装置出现异常，就应考虑因机械部件损坏所导致的异常。为了迅速排除故障，首先需要明确故障现象，并判断出是因什么部件出现问题而导致的异常。

(1) 哪一个轴部位出现了异常

首先要了解哪一个轴部位出现了异常现象。如果没有明显异常动作而难以判断时，应检查：

1) 有无发出异常声音的部位；

2) 有无异常发热的部位；

3) 有无出现间隙的部位。

(2) 哪一个部件有损坏的情况

判明发生异常的轴后，应调查哪一个部件是导致异常发生的原因。一种现象可能是由多个部件导致的。故障现象和原因见表9-19。

(3) 问题部件的处理

判明出现问题的部件后，进行处理。

表9-19 故障现象和原因

原因部件/故障说明	减速器	电动机
过载	○	○
位置偏差	○	○
发生异响	○	○
运动时振动	○	○
停止时晃动	—	○
轴自然掉落	○	○
异常发热	○	○
误动作、失控	—	○

注：○表示可能出现故障。

9.3.2 各个零部件的检查及处理

(1) 减速器

减速器损坏时会发生振动、异常声音。此时，会妨碍正常运转，导致过载、偏差异常，出现异常发热现象。此外，还会出现完全无法动作及位置偏差。

1）检查方法。检查润滑油中铁粉量：润滑油中的铁粉量增加质量分数。约在 0.1% 以上时则有内部破损的可能性。

检查减速器温度：温度较通常运转上升 10℃ 时基本可判断减速器已损坏。

2）处理方法——更换减速器。

（2）电动机

电动机异常时，停机时会出现晃动、运转时振动等动作异常现象。此外，还会出现异常发热和异常声音等情况。由于出现的现象与减速器损坏时的现象相同，很难判定原因出现在哪里，因此，应同时进行减速器的检查。

1）检查方法。检查有无异常声音、异常发热的现象。

2）处理方法——更换电动机。

9.3.3 更换零部件

搬运和组装更换零部件时，注意各零部件重量。常用的维修工具见表 9-20。

表 9-20 维修工具

工具	注释
千分表	1/100mm（用来测量定位精度、反向间隙）
游标卡尺	150mm
十字形螺钉旋具	大、中、小
一字形螺钉旋具	大、中、小
内六角扳手套件	M3 ~ M16
扭矩扳手	
吊环螺钉	M8 ~ M16
铜棒	
注油枪	

（1）在更换轴电动机与减速器前需要做的准备工作

1）在对机器人进行维修时务必先切断电源。

2）拆除电动机罩。

3）拔掉相应轴电动机接头以及气管接头。

（2）更换六轴电动机与减速器

IRB120 型机器人的电气线与机械本体连接在一起，即电气线在机械本体内，因此，在维修机械本体时，应注意电气线的布局，避免将电气线弄断。

在更换手腕上的六轴电动机或减速器时，应首先将机器人运动到合适姿态，将六轴电动机保护罩上的螺栓去掉，并取下六轴电动机保护罩，将六轴电动机的快插拔掉。此时将六轴减速器的螺栓拆除，将六轴减速器波发生器与柔轮取出，便可取出六轴电动机。

重新安装时，应首先将电动机安装到手腕上并紧固，后将波发生器与柔轮固定在电动机轴上，再将减速器安装在手腕体上。安装减速器时，应边旋转电动机边安装到手腕上。

（3）更换二轴减速器与电动机

更换二轴减速器与电动机时，应先将大臂拆除，将大臂拆除后，即可取出电动机与减速器的组合体。安装时，应与拆除步骤相反，同时应注意的是，减速器安装时，需要在安装配合面涂抹平面密封胶，同时，减速器内部应重新更换油脂。

（4）更换电动机

1）注意：没有固定机械臂便拆除电动机，机械臂有可能会掉落或前后移动。请先固定机械臂，然后再拆除电动机。插入零点销后，用木块或起重机固定机械臂以防掉落，然后再拆除电动机。此外，请勿在人手支撑机械臂的状态下拆除电动机。禁止对电动机的编码器连接器施力。施加较大压力会损坏连接器。如需触摸刚刚停止的电动机，应确认电动机为非高温状态，小心操作。

2）更换 J1 轴电动机。

① 拆卸步骤：

切断电源；

拆掉 J1 轴电动机上的连接电缆；

拆卸 J1 轴电动机安装螺钉；

将电动机从底座中垂直拉出，同时注意，不要刮伤齿轮表面；

从 J1 轴电动机的轴上拆卸螺钉；

从 J1 轴电动机的轴上拉出齿轮；

拆除电动机法兰端面密封圈。

② 装配步骤：

擦去电动机法兰面杂质，确保干净；

将 O 形圈放入电动机法兰配合面上的槽内；

将齿轮安装到 J1 轴电动机上；

用螺钉将一轴齿轮固定在电动机上；

在电动机安装面上涂平面密封胶，将 J1 轴电动机垂直安装到底座上，同时小心不要刮伤齿轮表面；

安装电动机固定螺钉；

安装 J1 轴电动机脉冲编码器连接线；

进行校对操作。

思考与练习

1．工业机器人的故障排除有哪几种？

2．工业机器人按单元进行故障排除有哪些？

3．工业机器人按故障特征进行故障排除有哪些？

4．调查故障的原因，解决故障的方法与步骤分别是哪些？

项目 10　工业机器人的维护与保养

知识点

了解工业机器人常用部件的使用和维护保养。

掌握工业机器人维修和保养的相关知识。

技能点

具有对工业机器人机械和电气系统日常维护保养能力，能够对工业机器人进行定期维护与保养。

任务 10.1　机器人本体的维修与保养

学习任务描述

掌握工业机器人本体的维护与保养。

学习任务实施

10.1.1　工业机器人本体的周期保养

1. 保养计划

（1）概述

必须对机器人进行定期维护保养，以确保其功能正常。可预测的情形也会导致机器人损坏，应进行检查。必须及时注意任何损坏。检查时间间隔不代表每个组件的使用寿命。

（2）保养计划和时间间隔

表 10-1 中规定了保养计划和时间间隔。

表 10-1　机器人保养计划和时间间隔

维护活动	间隔	注释	参考说明
轴 1，2，3 和 4 变速箱换油	40000 小时	为终身润滑，免维护装置	
更换 SMB 单元电池组	低电量警告	电池组，两电极电池触电测量系统	
更换 SMB 单元电池组	36 个月或电池低电量警告	电池组，RMU101 或 RMU102 型测量系统	
检查上下臂中所有信号电缆	36 个月	如有损坏，将其更换	
更换机械挡块、轴 1	60 个月	弯曲时更换	安装机械停止
润滑弹簧支架	每 2000 小时或 6 个月		
润滑轮 5 - 6 齿轮	每 4000 小时或 1 年		

2. 更换工作

（1）变速箱润滑油的类型

这里主要介绍如何查找润滑油类型、货号和特定变速箱中的润滑油量有关的信息。此外还介绍了更换润滑油所需的设备。

1）变速箱内润滑油的类型和数量。开始任何检查、维修或更换润滑油等操作前，为了获取有关于变速箱润滑油的最新信息，请仔细查看 ABB 参考手册。

2）变速箱的位置。变速箱的位置如图 10-1 所示。

3）设备。更换润滑油所需的设备主要有分油器（包括带出水管的泵）和快速连接管件接口（带 O 形圈）。

（2）更换 SMB 电池

ABB 机器人在关掉电控柜主电源后，六个轴的位置数据是由电池提供电能进行保存的，所以在电池即将耗尽之前，需要对其进行更换，否则，每次主电源断电后再次通电，就要进行机器人转数计数器更新的操作。

ABB 机器人专用电动机数据参数保存电池为 SMB 电池，又称为测量板电池。该电池用于在机器人关机时，将机器人的位置参数即电动机编码器的位置型号保存在 SMB（串行测量板）电路板内。通俗称为原点保存。

1）工业机器人 SMB 电池的更换方法。由于 ABB 机器人每款电池存放的位置略有不同，实际操作中根据 ABB 机器人的具体情况而定。以 ABB 机器人 IRB120 系列为例，该型号工业机器人更换 SMB 电池的操作，如图 10-2 所示。

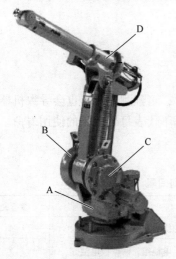

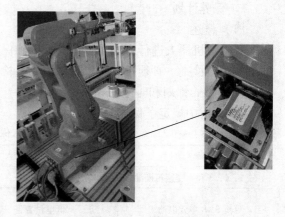

图 10-1　ABB 机器人变速箱
A—变速箱、轴 1　B—变速箱、轴 2
C—变速箱、轴 3　D—变速箱、轴 4

图 10-2　更换电池图

① 使用手动操纵，让机器人六个轴回到机械原点刻度位置。

② 更换电池的操作顺序：

- 关闭总电源；
- 打开电池盖；
- 去除旧电池，然后换上新电池；
- 装回电池盖；
- 打开总电源。

如果更换完电池后，示教器提示转数计数器未更新的话，就要对转数计数器进行校准的操作，这个在前面的章节已经介绍过，在此不做赘述。

2）工业机器人 SMB 更换步骤。

SMB 电池单元位于机器人基座内，前面章节已经做过介绍。SMB 装置和电池有两种型号。一种是具有 2 电极电池触点，另一种具有 3 电极电池触点。3 电极电池触点的型号具有更长的电池使用寿命。表 10-2 中详细描述了如何更换电池组。

表 10-2　更换电池组步骤

序号	操作	注释
1	⚠ 危险 关闭机器人的所有电力、液压和气供给	
2	⚠ 警告 该装置易受 ESD 影响，在操纵该装置之前， 请注意警告信息，该单元易受静电影响	
3	拧下连接螺钉，拆下机器人后盖板	
4	从串行测量板上拆下电池接线柱，切断固定电池单元的扣环	如图 10-2 中 SMB 电池单元的位置所示
5	安装新电池并将接线柱连接到串行测量板上	
6	将盖子重新装到机器人基座上，同时装上新的垫圈	拆下垫圈后一定要换新的
7	更新转数计数器	详情参阅任务 8.2 的内容

3. 清洁机器人

为保证较长的正常运行时间，需要定期清洁机器人。清洁频率取决于操纵器工作的环境。

（1）清洁方法

表 10-3 中规定了标准防护类型的 ABB 操纵器所允许的清洁方法。

表 10-3　清洁方法

防护类型	清洁方法			
	真空吸尘器	用布擦拭	用水冲洗	高压水或蒸汽
标准	是	是，使用少量清洁剂	是，在水中加入防锈剂溶液，并且在清洁后对操纵器进行干燥	否

（2）清洁电缆

可移动电缆需要能自由移动。

1）如果沙、灰和碎屑等废弃物妨碍电缆移动，则将其清除。

2）如果电缆有硬皮（例如干性脱模剂硬皮），则进行清洁。

（3）注意事项

1）务必按照上文规定使用清洁设备。任何其他清洁设备都可能会缩短机器人的使用寿命。

2）清洁前，务必先检查是否所有保护盖都已安装到机器人上。

3）切勿进行以下操作：

① 切勿将清洗水柱对准连接器、接点、密封件或垫圈！

② 切勿使用压缩空气清洁机器人！

③ 切勿使用未获 ABB 批准的溶剂清洁机器人！

④ 喷射清洗液的距离切勿低于 0.4m！

⑤ 清洁机器人之前，切勿卸下任何保护盖或其他保护设备！

10.1.2 工业机器人本体的定期检修维护

为了使机器人能够长期保持较高的性能，必须进行维修检查。

检修分为日常检修和定期检修，必须以每工作 40000 小时或每 8 年之中较短时间为周期进行大修。检修周期是按电焊作业为基础制定。装卸作业等使用频率较高的作业建议按照约 1/2 的周期实施检修或大修。

1. 预防性维护

执行定期维护步骤，能够保持机器人的最佳性能。

（1）日常检查表（见表 10-4）

表 10-4　日常检查表

序号	检查项目	检查点
1	异响检查	检查各传动机构是否有异常噪声
2	干涉检查	检查各传动机构是否运转平稳，有无异常抖动
3	风冷检查	检查电控柜风扇是否通风顺畅
4	管线附件检查	是否完整齐全是否磨损，有无锈蚀
5	外围电气附件检查	检查机器人外部线路，按钮是否正常
6	泄漏检查	检查润滑油供排油口处有无泄漏润滑油

（2）季度检查表（见表 10-5）

表 10-5　季度检查表

序号	检查项目	检查点
1	控制单元电缆	检查示教器电缆是否存在不恰当扭曲
2	控制单元的通风单元	如果通风单元脏了，切断电源，清理通风单元
3	机械单元中的电缆	检查机械单元插座是否损坏，弯曲是否异常，检查电动机连接器和航插是否连接可靠
4	各部件的清洁和检修	检查部件是否存在问题，并处理
5	外部主要螺钉的紧固	拧紧末端执行器螺钉、外部主要螺钉

（3）年度检查表（见表 10-6）

表 10-6 年度检查表

序号	检查项目	检查点
1	各部件的清洁和检修	检查部件是否存在问题，并处理
2	外部主要螺钉的紧固	拧紧末端执行器螺钉、外部主要螺钉

（4）每 3 年检查表（见表 10-7）

表 10-7 每 3 年检查表

序号	检查项目	检查点
1	各部件的清洁和检修	检查部件是否存在问题，并处理
2	更换手腕部件润滑油	按照润滑要求进行更换

注意：

关于清洁部位，主要是机械手腕油封处，清洁切削和飞溅物。

关于紧固部位，应紧固末端执行器安装螺钉、机器人本体安装螺钉、因检修等而拆卸的螺钉，以及露出于机器人外部的所有螺钉。有关安装力矩，参考螺钉拧紧力矩表。并涂相应的紧固胶或者密封胶。

2. 主要螺栓的检修

主要螺钉检查部位见表 10-8。

表 10-8 主要螺钉检查部位

序号	检查部位	序号	检查部位
1	机器人安装用	6	J5 轴电动机安装用
2	J1 轴电动机安装用	7	J6 轴电动机安装用
3	J2 轴电动机安装用	8	手腕部件安装用
4	J3 轴电动机安装用	9	末端负载安装用
5	J4 轴电动机安装用		

注意：更换零部件内容进行螺钉的拧紧和更换，必须用扭矩扳手以正确扭矩紧固后，再行涂漆固定。此外，应注意未松动的螺钉不得以超过最佳扭矩的扭矩进行紧固。

3. 润滑油的检查

每运转 5000 个小时或每隔一年（作为装卸用途时则为每运转 2500 小时或每隔半年），需测量减速器的润滑油铁粉质量分数（浓度）。超出标准值时，有必要更换润滑油或减速器。

必需工具：润滑油铁粉浓度计；润滑油枪。

注意：

1）检修时，如果有一定量的润滑油流出了机体外时，请使用润滑油枪对流出部分进行补充。此时，所使用的润滑油枪的喷嘴直径应为 17mm 以下。补充的润滑油量比流出量更多时，可能会导致润滑油渗漏或机器人动作时轨迹不良，应加以注意。

2）检修或加油完成后，为了防止漏油，在润滑油管接头及带孔插塞处务必缠上密封胶带再进行安装。有必要使用能测量加油量的润滑油枪，无法获得能测量加油量的油枪时，可通过测量加油前后润滑油重量的变化，对加润滑油的量进行确认。

3）机器人刚刚停止的短时间内，变速箱内部压力上升时，在拆下检修口螺塞的一瞬间，润滑油可能会喷出，应缓慢将减速器内部压力释放后再加油。

4．更换润滑油

注意：机器人保养需按照以下规定定期进行润滑和检修，以保证效率。

（1）润滑油供油量

J1/J2/J3/J4 轴减速器，电动机座变速箱和手腕部件润滑油，按照每运转 20000 小时或每隔 4 年（用于装卸时则为每运转 10000 小时或每隔 2 年）应更换润滑油，更换润滑油油量表见表 10-9 所示。

表 10-9　更换润滑油油量表

提供位置	IRB120	润滑油名称	备注
J1 轴减速器	1350mL		
J2 轴减速器	900mL		急速上油会引起油仓内的压力上升，使密封圈开裂，而导致润滑油渗漏，供油速度应控制在 40mL/10s 以下
J3 轴减速器	350mL	MOLYWHITE RE No. 00	
J4 轴减速器	160mL		
手腕体部分	50mL		

（2）润滑的空间方位

对于润滑油更换或补充操作，建议使用下面给出的润滑方位，见表 10-10。

表 10-10　润滑方位

供给位置	方位					
	J1	J2	J3	J4	J5	J6
J1 轴减速器	任意					
J2 轴减速器		任意				
J3 轴减速器		0°				
电动机座齿轮		0°	0°	任意	任意	任意
J4 轴减速器			0°			
手腕体		任意				
手腕连接体			任意	0°	0°	0°

（3）J1/J2/J3/J4 轴减速器、电动机座变速箱的润滑油更换步骤

1）将机器人移动到表 10-10 润滑方位所介绍的润滑位置。

2）切断电源。

3）移去润滑油供排口的六角螺塞。

4）提供新的润滑油，直至新的润滑油从排油口流出。

5）将内六角螺塞装到润滑油供排口上。

6）供油后，按照步骤释放润滑油槽内的润滑位置。

（4）手腕部件的润滑油更换步骤

1）将机器人移动到润滑位置。

2）切断电源。

3）移去手腕连接体润滑油供排口的内六角螺塞。

4）通过手腕连接体润滑油供油口提供新的润滑油，直至新的润滑油从排油口流出。

5）将内六角螺栓装到手腕体润滑油排油口上。

6）移去手腕体润滑油油口的内六角螺栓。

7）通过手腕体润滑油供油口提供新的润滑油脂，直至润滑油不能打入。

8）将内六角螺塞装到手腕体润滑油供油口上。

注意：所需工具包括润滑油枪、供油用接头、供油用软管、供气用精密调节器、气源、重量计、密封胶带等。

5. 释放润滑油槽内残压

供油后，为了释放润滑油，应适当操作机器人。此时，在供润滑油进出口下安装回收袋，以避免流出来的润滑油飞散。

为了释放残压，在开启排油口的状态下，J1 轴在 ±30° 范围内，J2/J3 轴在 ±5° 范围内，J4 轴及 J5/J6 轴在 ±30° 范围内反复动作 20 分钟以上，速度控制在低速运动状态。由于周围的情况而不能执行上述动作时，应使机器人运转同等次数，上述动作结束后，将排油口上安装好密封螺塞。

10.1.3　工业机器人工具的周期保养

机器人工具是根据客户不同的需要而制作的不同工具，工具是由供应商提供，所以这方面的保养计划主要根据工具供应商所提供的相关资料，机器人工具如图 10-3 和图 10-4 所示。

　　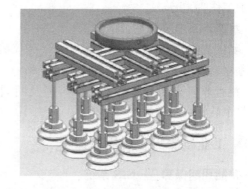

图 10-3　夹持式机器人　　　　　图 10-4　吸盘式末端执行器

机器人的末端执行器是安装在移动设备或者机器人手臂上，使其能够拿起一个对象，并且具有处理、传输、夹持、放置或释放对象到一个准确的离散位置等功能的机构。工业机器人是一种通用性较强的自动化作业设备，末端执行器则是直接执行作业任务的装置，大多数末端执行器的结构和尺寸都是根据其不同的作业任务要求来设计的，从而形成了多种多样的结构形式。通常，根据其用途和结构的不同可以分为机械式夹持器、吸附式末端执行器和专用的工具（如焊枪、喷嘴、电磨头等）三类。它安装在操作机手腕（如果配置有手腕的话）或手臂的机械接口上。多数情况下末端执行器是为特定的用途而专门设计的，但也可以设计成一种适用性较大的多用途末端执行器，为了方便地更换末端执行器，可设计一种末端执行器的转换器来形成操作机上的机械接口。较简单的可用法兰盘作为机械接口处的转换器，为了实现快速并自动更换末端执行器，可以采用电磁吸盘或者气动缩紧的转换器。

（1）机械式夹持器

机械式夹持器主要的维护与保养有检查夹具检测磁环开关是否正常、没夹到产品时是否报警，检查各个行程开关控制挡块的设定螺栓是否松动。需要定期重新调整各动作的运行速度，确定管线有无破裂或电线连接是否松动松脱。

（2）吸附式末端执行器

采用气动控制的吸附式末端执行器，如吸盘，主要的维护与保养有检查气动管路的系统压力是否正常，气缸、管路和连接件是否有泄漏，如发现问题及时修复，以防发生事故。检查气路管件、调节阀和三通等连接是否牢固；检查抓手动作是否正常、负压传感器是否正常、没吸到产品时是否报警；检查电磁阀工作是否正常，机械手各部件是否磨损，是否需要定期更换与润滑。

（3）专用的工具（如焊枪、喷嘴、电磨头等）

图 10-5 所示的焊接机器人的焊枪的维修保养计划如下：

1）送丝机构。包括送丝力矩是否正常，送丝导管是否损坏，有无异常报警。

2）气体流量是否正常。

3）焊枪安全保护系统是否正常（禁止关闭焊枪安全保护工作）。

4）水循环系统工作是否正常。

5）测试机器人工具坐标系原点 TCP（建议编制一个测试程序，每班交接后运行）。

6）检查软管束及导丝软管有无破损及断裂（建议取下整个软管束用压缩空气清理）。

图 10-5　焊接机器人

10.1.4　工业机器人智能周期保养

1. 智能周期保养——SIS 系统

工业机器人的智能周期保养通常会借助 ABB 机器人维护信息系统，即 SIS 系统。它是机器人控制器里的软件功能，其简化了机器人系统的维护保养和管理工作的时间及模式，并在到达预定的维护时间后提醒操作人员。

（1）管理功能

计数器可以设为：

- 日历时间计数，基于日历时间的报警。
- 工作时间计数，基于工作时间的报警。
- 变速箱 1 的工作时间计数，基于变速箱 1 的维护周的百分比报警。
- 变速箱 2 的工作时间计数，基于变速箱 2 的维护周的百分比报警。
- 变速箱 3 的工作时间计数，基于变速箱 3 的维护周的百分比报警。

● 变速箱 6 的工作时间计数，基于变速箱 6 的维护周的百分比报警。

计数器状态为"OK"，即机器人处于正常的服务间隔时间之内，没有到维护时限；计数器状态为"NOK"，即机器人超出了服务间隔时间，需要进行维修保养。

（2）日历时间（Calendar Time）

这是一个内部控制系统的时间，基于这个时间，可以设定维护周期。日历时间说明见表 10-11。

表 10-11　日历时间说明

参数	说明
Prev service	计数器上一次被复位的日期，也就是上次维护的日期
Elapsed time	从上次复位到现在的时间
Next service	计划下次维护的时间
Remaining time	到下次维护所剩的时间

（3）工作时间（Operation time）

这是一个内部控制系统的时间，当电动机开（MOTORS ON）信号激活时开始计数。工作时间也就是机器人工作的时间，相关说明见表 10-12。

表 10-12　工作时间说明

参数	说明
Service interval	指定的维护周期
Elapsed time	从上次复位到现在的时间
Remaining time	到下次维护以前，剩余的工作时间

（4）变速箱时间（Gearbox time）

基于度量单位，如扭矩和转速，系统计算一个预期的维护周期，需要维护时，在示教器上会有显示，如何存取会在读出 SIS 的输出日志中说明。显示说明见表 10-13。

表 10-13　显示说明

参数	说明
xis x OK	维护状态，也就是说自动计算出来的时间还没到
Axis x NOK	维护周期到
Axis x N/A	无可用的维护周期参数，用于轴 4 和轴 5

（5）达到维护周期

当超过维护周期的间隔时间后，一条信息"Service Service Interval exceeded Interval exceeded！"会显示在计数器的参数下方，这个窗口可以在任何一个模式下显示日历时间（calendar time）、运行时间（operation time）、变速箱时间（gearbox time）。另外，一条错误信息"无可用的参数"也会显示在示教器上。对于所选的模式无可用参数，在窗口下方会有一条信息"No date available！"显示。

2. SIS 系统设置

这里详细描述了可以被设定的各种参数。这些参数应该由对机器人的工作环境非常熟悉的人来设定。由于计数器是由用户自定义，所以 ABB 不能提供任何推荐值。

（1）被选参数的选项

（2）运行时间限制（维护标准）

选择维护周期的运行小时数，例如，设定值为"20000"，SIS 将会以这个时间标准来启动报警。

（3）运行时间报警（Operatiom time warning）

上面定义的运行时间限制（Operation time limit）的百分比，例如：设定值为"90"，SIS 将会在上次复位后 18000 小时过后报警。

（4）日历时间限制（维护标准）

选择维护周期的年数，例如：设定值为"2"，SIS 系统会以这个时间作为报警标准。

（5）日历时间报警（Calendar time warning）

上面所设定的日历时间（Calendar time limit）的百分比，例如：设定值为"90"，系统将在上次复位后两年的 90%，也就是 657 天后报警。

（6）变速箱报警（Gearbox warning）

系统计算的变速箱维护周期的百分比，例如，设定值为"90"，系统将会在超过每个齿轮预期维护时间的 90% 时报警。

机器人自动检测并收集所需要的变量来计算每个齿轮的维护周期，这是一个从早期运行中收集来的推断值，所收集的参数包括：输入及输出扭矩、变速箱轴的速度及其他变量。

只要满足设定条件（如达到维护前的最大运行时间），在操作日志里面将会有信息显示。

任务 10.2　机器人电控柜的维修与保养

学习任务描述

掌握工业机器人电气控制系统的维修与保养。

学习任务实施

10.2.1　机器人电控柜的定期检修

1. 电控柜检修注意事项

检修、更换零件时，应遵守以下注意事项，安全作业。

1）更换零件时，请切断一次电源，5 分钟后再进行作业。此外，请勿用潮湿的手进行作业。

2）更换作业必须由接受过本公司机器人维修保养培训的人员进行。

3）作业人员的身体和控制装置的"GND 端子"必须保持电气短路，应在同位下进行作业。

4）更换时，切勿损坏连接线缆。此外，请勿触摸印制电路基板的电子零件、电路及连接器的触点部分。

2. 电控柜检修

（1）定期检修时的注意事项

1）检修作业必须由专业技术人员进行。

2）进行检修作业之前，对作业所需的零件、工具和图纸进行确认。

3）更换零件使用指定型号。

4）进行机器人本体的检修时，务必先切断电源再进行作业。

5）打开控制装置的门时，务必先切断一次电源，并充分注意不要让周围的灰尘入内。

6）手触摸控制装置内的零件时，须将油污等擦干净后再进行。尤其是要触摸印制电路基板和连接器等部位时，应充分注意避免静电、放电损坏 IC 零件。

7）一边操作机器人一边进行本体检修时，禁止进入动作范围之内。

8）电压测量应在规定部位进行，并充分注意防止触电和接线短路。

9）禁止同时进行机器人本体和控制装置的检修。

10）检修后，必须充分确认机器人动作后，再进入正常运转。

（2）定期检修项目（见表10-14）

表 10-14　定期检修项目

序号	周期				检查项目	检修保养内容	方法
	日常	3 个月	6 个月	1 年			
1		√	√	√	门的压封	门的压封是否变形，柜内密封检测	目测
2		√	√	√	线缆组	检查损坏、破裂情况；连接器的松动	目测
3		√	√	√	驱动单元	各连接电缆的松动	目测、拧紧
4	√	√	√	√	变压器	发热、异常噪声、异常气味的确认	目测、拧紧
5	√	√	√	√	控制器	各连接电缆的松动	目测、拧紧
6	√	√	√	√	安全板	各连接电缆的松动	目测、拧紧
7	√	√	√	√	接地线	松弛、缺损的检查	目测、拧紧
8	√	√	√	√	继电器	污损、缺损的确认	目测
9	√	√	√	√	操作开关	按钮等的功能确认	目测
10		√	√	√	电压测量	R（L1，A）－S（L2，B）－T（L3，C）的电压确认	200×（1＋10%）V
11		√			电池	电池电压的确认	电压 3.0V 以上
12	√	√	√	√	示教盒	检查损坏情况。操作面板应清洁	目测
13		√	√	√	电控柜右侧散热器	清洁	目测、清扫
14		√	√	√	电控柜左侧制动电阻	清洁	目测、清扫
15		√	√	√	风扇检测	尘埃的有无、风扇/散热器的清扫；检查风扇旋转情况	目测、清扫
16	√	√	√	√	急停开关检测	检查动作是否正常	检查伺服 ON/OFF 情况

（3）长假前的检修

准备长期休假，在切断机器人电源前，应进行如下检修：

1）确认驱动器是否显示提示信息：如显示"编码器电池电压太低"，请更换电池。如果没有及时更换，可能会导致编码器数据丢失，再次上电需要进行编码器复位及编码器修正作业。

2）确认控制装置的门及锁定插槽已经关闭。

（4）电池的更换与零点校正

通常机器人使用锂电池作为编码器数据备份用电池。电池电量下降超过一定限度，则无法正常保存数据。电池每天运转 8h、每天停止工作 16h 的状态下，应每 2 年更换一次。电池保管场所应该选择避免高温、高湿，不会结露且通风良好的场所。建议在常温、温度变化较小、相对湿度在 70% 以下的场所进行保管。更换电池时，在控制装置一次电源的通电状态下进行。如果电源处于未接通状态，则编码器会出现异常，此时，需要执行编码器复位操作。已使用的电池应按照所在地区的分类规定，作为"已使用锂电池"废弃。

1）必需工具：扭矩扳手、十字螺钉旋具、钳子。

2）编码器电池的存放位置。编码器电池存放在机器人底座的电池盒中，该电池用于电控柜断电时存储电动机编码器信息。当电池的电量不足时需要对电池进行更换。

3）电池更换步骤：

使控制装置的主电源 ON。

按下紧急停止按钮，锁定机器人；

卸下电池组安装板的安装螺栓；

卸下电池连接器；

拆下电压不足的电池，将新的电池插入电池包，连接电池连接器；

将电池组安装板放回原来位置，用安装螺栓固定；

使控制装置的电源 OFF 后，重新置于 ON。

4）更换电池后的操作。一般按照上述顺序操作，重新上电即可，若有操作不当位置丢失，需要进行编码器清零操作。

10.2.2　机器人电控柜的日常检修及元器件的更换

1. 机器人电控柜日常检修

（1）机器人电控柜检查项目

1）检测电控柜温度；

2）检查主板、存储板、计算板以及驱动板；

3）检查程序存储电池；

4）检查变压器以及熔丝；

5）检查机器人三相电源；

6）检查 I/O 板以及熔丝；

7）检查电扇及空调。

（2）清洁电控柜

关断电控柜的旋转开关，切断机器人控制系统的总电源。

清理电控柜内元器件时，一定要遵守 ESD 准则工作，需带防静电手环或相似元器件。电控柜内的电气元器件对静电十分敏感，有可能会损坏电气元器件。

清洁电控柜内元器件时，只可使用吸尘器，不得使用压缩空气，防止灰尘进入电气元器件内。

1）冷却循环系统的清洁。

① 检查电控柜的密封条和线缆进线口的密封，确保灰尘和水汽不能渗透到电控柜内；

② 检查电控柜的接插件和线缆，确保连接可靠无破损；

③ 拆下电控柜下部进气口的滤网，使用毛刷清洁滤网，清理完毕后装回原处；

④ 打开电控柜背面板，拆下电控柜背面出风口的滤网，使用毛刷清洁滤网，清理完毕后装回原处；

⑤ 检查冷却循环系统的风扇，如需清理风扇，则使用吸尘器清洁风扇，注意不得使用压缩空气；

⑥ 上述步骤完成后，装好电控柜，打开旋转开关，检查风扇是否正常工作，无误后，关闭旋转开关，完成电控柜冷却循环系统的清洁。

2）电控柜内的清洁。按照以下步骤清洁电控柜内的电气元器件：

① 电控柜内清洁时，需佩戴静电手环或相似元器件；

② 按照从上往下，先正面后背面的顺序依次清洁电控柜内的电气元器件；

③ 电控柜内只可使用吸尘器进行清洁，不得使用压缩空气；

④ 清洁电气元器件时，要注意连接线缆，不得扯断或拉松电线；

⑤ 更换已损坏或看不清楚的文字说明或铭牌，补充缺失的说明或铭牌。

3）示教器的清洁。

清洁前，一定要关闭示教器；

使用软布蘸温水或清洁剂仔细清理示教器的触摸屏和按键，请注意，温水和清洁剂不得过多，防止进入示教器内部；

不得使用硬物清理示教器，以防损坏触摸屏。

2．更换元器件

（1）更换冷却循环系统的风扇

1）取下运输保险装置，并松开背板上的固定螺旋；

2）取下背板；

3）松开电缆线套管上的螺栓；

4）拔出风扇插头；

5）取下风扇支架的螺栓；

6）将风扇连同支架一起取下；

7）装进新的风扇；

8）插入风扇插头，并将电缆固定；

9）装上柜背板，并将其固定。

（2）更换控制器

1）打开电控柜门；

2）拔出连接到控制器模块接口的供电电源及所有插头连接；

3）拔出滚花螺母；

4）拆下控制器并向上取出；

5）装入新的控制器并固定；

6）插好各种插头连接；

7）打开电控柜的旋转开关，观察控制器模块能否正常工作。

（3）更换伺服驱动器

1）打开电控柜门；

2）拔出连接到伺服驱动器接口的供电电源及所有插头连接；

3）松开滚花螺母；

4）拆下伺服驱动器并向外取出；

5）装入新的同型号伺服驱动器并固定；

6）插好各种插头连接。

（4）更换电气元器件

1）打开电控柜门；

2）拔出连接到电气元器件上的电线；

3）利用螺钉旋具松开并取下电气元器件；

4）换上新的电气元器件；

5）用螺钉旋具将其固定；

6）将拔出的电线原样接好；

7）打开电控柜的旋转开关，观察电气元器件能否正常工作。

思考与练习

1. 如何进行工业机器人电控柜的定期检修？

2. 如何进行工业机器人本体的定期检修维护？

3. 如何进行工业机器人工具的周期保养与清洁？

4. 机器人日常保养的内容有哪些？

参 考 文 献

[1] 兰虎. 工业机器人技术及应用 [M]. 北京：机械工业出版社，2016.

[2] 董春利. 机器人应用技术 [M]. 北京：机械工业出版社，2015.

[3] 魏志丽，林燕文，陈南江. 工业机器人应用基础 [M]. 北京：北京航空航天大学出版社，2016.

[4] 李福运，林燕文，魏志丽. 工业机器人操作教程 [M]. 北京：北京航空航天大学出版社，2016.

[5] 叶晖，管小清. 工业机器人实操与应用技巧 [M]. 北京：机械工业出版社，2016.

[6] 韩建海. 工业机器人 [M]. 武汉：华中科技大学出版社，2009.

[7] 刑美峰，熊清平，杨海滨. 工业机器人电气控制与维修 [M]. 北京：电子工业出版社，2016.

[8] 谢寸禧，张铁. 机器人技术及其应用 [M]. 北京：机械工业出版社，2015.

[9] 韩鸿鸾，丛培兰，谷青松. 工业机器人系统安装调试与维护 [M]. 北京：化学工业出版社，2017.

[10] 刘小波. 工业机器人技术基础 [M]. 北京：机械工业出版社，2016.

[11] 高永伟. 工业机器人机械装配与调试 [M]. 北京：机械工业出版社，2017.

[12] 刑美峰，杨海滨，叶伯生. 工业机器人操作与编程 [M]. 北京：电子工业出版社，2016.

[13] 李福运，林燕文，魏志丽. 工业机器人安装与调试教程 [M]. 北京：北京航空航天大学出版社，2016.

[14] 钟立华，陈吹信，陈公兴，刘红军. 工业机器人电气安装 [M]. 广州：华南理工大学出版社，2016.

[15] 龚仲华. 工业机器人从入门到应用 [M]. 北京：机械工业出版社，2016.

[16] 陈哲. 机器人技术基础 [M]. 北京：机械工业出版社，2011.

[17] 杨杰忠，王振华. 工业机器人操作与编程 [M]. 北京：机械工业出版社，2017.